# 产品创意设计实务
# （微课版）

宋 兵 楼莉萍 主 编

电子工业出版社
**Publishing House of Electronics Industry**
北京·BEIJING

## 内 容 简 介

本书从产品设计师的岗位需求出发，介绍了产品创意设计的原理和不同品类商品的设计方法，以及设计实践中应掌握的流程与关键点。本书详细解析了产品设计的创新思维要求和专业技能要求，并通过丰富的案例使读者能够掌握产品设计的技能与方法，举一反三，融会贯通。

本书结合了多家校企合作企业的设计案例，可以形象生动地将产品创意设计的流程与方法传授给读者，同时向读者阐述成为一名产品创意设计师必备的职业素养。本书共四章，第一章为创意思维概述，介绍了创意思维的概念、创意的过程与步骤；第二章为创意设计概述，介绍了图案创意设计、色彩创意设计、创意设计的构成；第三章为产品创意设计实践，主要介绍了产品概念设计和创新设计，包括家居日用品、金属工艺品、饰品类产品、文创产品创意设计与实训等；第四章为产品创意包装设计，介绍了包装设计的视觉元素、包装设计的视觉传达技巧、不同商品的包装设计应用、包装创意设计实践。在解析理论和实践案例的同时，本书还提供了可以获取拓展资料的二维码，这也符合案例式教学的要求。

本书可以作为产品艺术设计、工业设计、包装设计、视觉传达设计等专业的基础课程用书，也可供职业设计师及相关人员参考。

**图书在版编目（CIP）数据**

产品创意设计实务：微课版 / 宋兵，楼莉萍主编. —北京：电子工业出版社，2023.3

ISBN 978-7-121-45125-6

Ⅰ．①产… Ⅱ．①宋… ②楼… Ⅲ．①产品设计－造型设计－高等学校－教材 Ⅳ．① TB472

中国国家版本馆 CIP 数据核字（2023）第 030539 号

责任编辑：徐建军　　　　　　特约编辑：田学清
印　　刷：北京富诚彩色印刷有限公司
装　　订：北京富诚彩色印刷有限公司
出版发行：电子工业出版社
　　　　　北京市海淀区万寿路 173 信箱　　　邮编：100036
开　　本：787×1092　　1/16　　印张：11　　字数：275 千字
版　　次：2023 年 3 月第 1 版
印　　次：2023 年 9 月第 2 次印刷
印　　数：1500 册　　　定价：55.00 元

凡所购买电子工业出版社图书有缺损问题，请向购买书店调换。若书店售缺，请与本社发行部联系，联系及邮购电话：（010）88254888，88258888。

质量投诉请发邮件至 zlts@phei.com.cn，盗版侵权举报请发邮件至 dbqq@phei.com.cn。

本书咨询联系方式：（010）88254570，xujj@phei.com.cn。

# 前　言

创新设计成就商业价值，创新设计是设计教育的关键。本书从产品创意设计的原理和概论出发，着重于产品的创新创意设计，介绍了不同种类产品的设计应用，突出了创新设计的实践应用，在具体教学中可以帮助学生掌握产品创意设计的技能。

本书支持数字化学习，是以纸质书为基础，与数字化教学资源、数字课程开发应用软件相结合的新形态用书。本书附有二维码，随扫随学，可以将纸质书与其配套的电子资源深度融合，旨在提高学生学习的积极性及教学过程中学生的参与度，从而提升产品设计实践的教学效果。本书可以作为产品艺术设计、工业设计、包装设计、视觉传达设计等专业的基础课程用书。

本书共四章，第一章为创意思维概述，包括创意思维的概念、创意的过程与步骤；第二章为创意设计概述，包括图案创意设计、色彩创意设计和创意设计的构成；第三章为产品创意设计实践，包括产品概念设计、家居日用品创意设计与实训、金属工艺品创意设计与实训、饰品类产品创意设计与实训、文创产品创意设计与实训、计算机辅助创意设计、产品创新与改良设计；第四章为产品创意包装设计，包括包装设计的视觉元素、包装设计的视觉传达技巧、不同商品的包装设计应用及包装创意设计实践。

本书由宋兵、楼莉萍担任主编，参加编写的还有章珊伟、王艳、金羚、刘艳飞、傅潇莹、李响、雷霆、黎静萍。在此，感谢义乌工商职业技术学院产品艺术设计专业师生和九江学院工业设计系师生对本书编写和教学实践提供的支持。希望本书能够对读者的设计学习及工作有所帮助，这也是本书编写的初衷。

本书在编写过程中，参阅了大量的文献和资料，引用了不少珍贵的图片，尽管部分重要的文献及资料已列示于参考文献中，但限于篇幅，不能穷尽，在此对这些资料的原作者深表感谢！

由于编写时间有限，书中难免存在不足之处，希望能得到国内外设计教育界同行的批评指正。

宋　兵
义乌工商职业技术学院

# 目　录

# 第一章

# 创意思维概述

## ◇ 第一节 创意思维

我们都知道知识经济时代的主导活动是创意活动，其核心是思维的创造和创新，因此，认识、掌握和获得创造性思维的能力是创意成功的关键。在创意过程中，人们运用创造性思维提出了一个又一个新观念，得出了一个又一个新理论，创造了一件又一件新发明，在不断丰富自己知识的同时还促进了社会的进步和人的全面发展。

其实，发展现在和创造未来的关键在于开发和培养创造性思维。正是由于思维的创新，人类创造历史的崭新历程才正式开启。

### 一、创意思维的概念

思维能力的提高是人类社会发展的前提。人类社会不断发展的过程和人类不断地认识并改造世界的过程，正是创意思维不断地将思想变为现实的过程。

伯尔尼等人于 1971 年综合前人的研究，从发生学的角度对思维做了一个较为完整的描述：第一，思维是一个错综复杂的、多侧面的过程；第二，思维主要是一个内在的或内隐的（而且有可能是无行为表现的）过程，是在思想外化为行动之前预先存在的一系列隐蔽的心理活动；第三，思维是运用不直接存在的事物或物体的符号进行表征的，但又是由某个外部事件所激起的，其作用是产生和控制外显行为，比如人类凭借经验可以预测尚未发生的事情，也可以想象各种从未发生过的事情；第四，思维是行为的一个决定性因素，行为是思维内在过程的产物，因此产生并控制外显行为是思维的基本作用所在。

思维有广义和狭义之分。从广义上来说，它是相对于物质而与意识同义的范畴；从狭义上来说，它是相对于感性认识而与理性认识同义的范畴。从本质上来看，思维是人脑对客观现实间接的概括的反映，它是通过语言实现的能够揭示事物本质特征及内部规律的理性的认识过程。人类思维的形式极其复杂，各种各样。创意思维是人类思维的高级形式，并具有双重含义，它不仅是一种高于其他思维的独立思维、超常规思维，还是一种对一切旧思维进行革命性改革和更新的创造性思维。创意思维其实是反映事物本质属性、事物内在与外在有机联系的，且具有新颖性的一种可以物化的高级心理活动。常规思维只是一味地遵循现有的思路和方法进行思考，重复已经进行过的思维过程，所能解决的通常是在实践中重复出现的情况和问题，其结论属于已有知识的范畴。而探索尚未认识的世界，解决实践中出现的新情况和新问题，为人类的实践活动开辟新领域，才是创意思维的主要内容。

## 二、创意思维的功能

创意思维是人类社会产生和进化的前提，是 21 世纪知识经济时代的前奏。恩格斯曾说："思维是地球上最美丽的花朵。"而我们可以说，创意思维是人的思维之花上的花蕊，人的思维的精华就是创意思维。

### （一）创意思维是创新能力的核心要素

从个人角度来理解，创新能力就是创意思维，思维的创新是人类历史上所有新事物出现的开始。只要我们有了良好的创意思维，就可以利用它去解决生活中遇到的问题。我们看到的每一种行为、每一个进步，都与人类自身的创意思维密切相关。运用创意思维，人类由天然的森林大火想到保存火种，进而想到钻木取火；运用创意思维，人类在头脑中设计出了千万种自然界中并不存在的东西，再运用创新能力把这些创意变成现实。从落后的原始时代到现代化的知识经济时代，人类创造了一个以人为主导的新世界，在这个过程中，创意思维的力量不可忽视。

### （二）创意思维是企业在市场经济中获胜的关键因素

众所周知，市场经济的主旋律是各种不同经济主体之间的竞争。正是因为企业之间有了竞争，创意思维才会被人们需要。从市场经济的发展过程来看，企业竞争的重点在不断地转移。如今，市场经济进入了全球化时期，企业的产品在全球范围内流通，这就意味着企业面对的竞争对手是全球的企业，竞争压力越来越大。如果企业没有居安思危的意识，今日的辉煌就会变成明日黄花。过去"大鱼吃小鱼"式的竞争已让位于现在"快鱼吃慢鱼"式的竞争，激烈的竞争现状使企业对人才有了更深刻的认识。人才被分为两种：一种是技术型人才，这种类型的人才能为企业带来局部效益或短期、中期效益；另一种则是智囊型人才，这种类型的人才能为企业带来巨大价值，使企业获得长期效益、整体效益。具有创意思维是企业对智囊型人才的基本要求，这种类型的人才将逐渐成为市场竞争的热点。

## （三）创意思维是个人实现自身价值的主要表现

虽然创意思维不是与生俱来的，但我们可以在不断发展的实践中努力寻求，在理论与实践的有机结合中不断探寻。离开了自身的努力，人不可能获得创意，更不可能实现创新。只有自己才是培养创意思维、提高自身创造性思维层次的真正主人。在日常工作中，可以有大小不同、形式不同、内容不同的创意。人们在事业上的新追求、新理想、新目标的不断产生和发展，正是创意思维的结果。人们的生活内容不断变化，人们的需求层次不断提高，当旧的需求被满足时，便会产生新的需求；当低层次的需求被满足时，便会产生高层次的需求。要满足人们不断增长的需求，实现人们对幸福的追求，就要依靠创意思维。社会的进步在于创意思维，个人自身价值的实现也在于创意思维，就像拿破仑所说："创新是力量、自由及幸福的源泉。"

## 三、创意思维的本质与特征

我们常说的创造性思维其实就是创意思维，它在人们的创造能力中处于非常重要的地位。

### （一）创意思维的本质

创意活动是一个思维创新、观念创新、理论创新和行为创新的过程，它是一种综合性的创新活动。在这里，始终贯穿于创意活动的创意思维具有不同于常规思维的特点。在过去的思维模式中，是否合乎理性、是否合乎逻辑常常被当作人类思维的标准，而这种标准又被理解为可以通过逻辑重建的、能被科学解释的演绎思维模式。但创意思维的逻辑不是那种墨守成规式的演绎逻辑，而是随时会出现跳跃的、充满偶然性的建设性逻辑，是一种可以做出多种选择的逻辑，是一种只明确目标不制定方案的准则逻辑，即只明确目标怎样更好、更有效或更有帮助。至于如何达成这些目标，则需要创意活动的主体依据各种复杂因素和条件运用自己的创意思维。在社会实践需要达到某个既定目标要求下，以一定的心理结构为基础，主体通过有意识与无意识的交替作用和辩证统一的过程，经过鉴别和筛选将原本储存的信息与外来的信息重新联结、组合，从而用一种新方式处理某件事情或表达某种事物的思维过程，就是创意思维的本质。

### （二）创意思维的特征

创意思维是一种灵活多变的、富于探索性的思维形式，它遵循不断变化的社会发展规律，不仅仅局限于一种思维模式。

#### 1. 目标具有专一性

毫无根据的胡思乱想与创意思维是有本质区别的。创意思维虽然需要想象力的自由发挥和遐想的驰骋，但其前进的动力是实践的需求或根据理论与事实之间存在的矛盾所提出的新课题。如果人们想具有创意思维，其目标就要有专一性。专一性是指思维目标的明确性，是指在思维过程中已有概念、事物在显意识和潜意识两个层次中的集中与凝聚特征。也就是说，研究者在寻求解决课题的途径时，需要从各个角度反复思考，并且需要调动自己的全部知识和信息储备，以及自己的全部思维能力才能有所突破。

研究者强烈的事业心是实现专一性的动机，是对研究对象产生强烈兴趣的根本所在。强烈的研究兴趣可以转化为强烈的创造欲望，促使研究者为研究课题倾注全部精力，从而大大提高研究者对研究课题的注意力、观察力和思维能力。要想思维取得成功，必须聚焦于某一个突破点上，这样才能产生聚焦突破的效果。

### 2. 方向具有灵活性

在创意思维实现的过程中，目标是确定的，而通过何种途径达成目标（即思维方向）却是多样化的。也就是说，要想达到某个目标，就必须围绕这个目标进行多路思考。所谓多路思考，就是对对象进行全方位的思考，从不同角度、不同侧面、不同方位、不同层次加以把握。在研究课题的过程中，我们的思维应保持灵活性，这也是求异性所必需的特质。

研究课题或目标的确定有一个过程。在这个过程中，我们首先要善于围绕某个对象进行全方位的思考，提出各种各样的问题，然后经过比较分析，从中筛选出某个最佳的课题并将其作为思考的中心或研究的方向，这样课题才有可能取得成功并取得较好的社会与经济效益。

反之，不做比较分析，不做筛选，遇见一个课题就全力去做，只会增加盲目性，从而导致实践失误，浪费人力、物力与财力。因此，做多路思考，从不同的角度提出各种不同的问题，然后从中选出最佳的课题，这是在确定课题之前务必做好的准备。

我们知道，达成目标的方法或途径通常是多种多样的。那么，在研究的课题或目标确定下来以后，完成这一课题或攻下这个目标的方法就不应该拘泥于某种固有的模式，而应该因时、因地制宜，不断改变思考的角度，跨学科、跨领域地思考问题，只有这样，才可以找到实现目标的正确道路。如果在创意思维的实现过程中只是一味地做单向思考，不做多路思考，思维就难以深入，成果就难以扩大，成功也就难以持续。例如，丰田汽车公司第一任总经理丰田喜一郎在公司里曾对职工说："我习惯于把事物倒过来看。这就是我们常说的'反思'。"丰田正是运用这样的思考方法，针对以前上道工序为下道工序提供原料的惯例，提出了下道工序在需要的时候可以向上道工序索要所需数量的零件或原料的创想。这一管理思想的贯彻执行不仅大大节约了人力、物力，同时也杜绝了因过量生产、库存较多和不及时提供材料而造成的浪费，还使丰田的生产效率增长了一倍左右。

### 3. 方式具有求异性

求异性是指客观事物之间的差异性、已有学识与客观实际相比具有的局限性等，它对司空见惯的现象和人们习以为常的认识持怀疑的态度，主张在批判和分析中探索符合实际的客观规律。只有广泛涉足其他学科、其他业务活动领域，广取他地、他人、他企业之长，从各种不同差异的角度启发自己的思维，才能提高创意成功的概率。积极的求异心理、敏锐的观察力与想象力贯穿于创意思维活动的始终，可以说创意思维其实也是一种求异思维。求异的创意思维过程通常利用外来的信息来寻找解决问题的方法。

那么，怎样才能产生求异思维呢？求异思维是当研究或关注的问题成为研究者坚定不移的目标和梦寐以求的悬念后，研究者把生活中的所有现象、理论及以往积累的知识尽可能地调动起来，围绕问题不断地进行探索，最终找到解决问题的方法的过程。例如，阿基米德整天冥思苦想"金冠之谜"，有一天，他正要洗澡，一边坐进浴缸里，一边看到水往外溢，恍然大悟，想到了解决方法。如果不是阿基米德在这个问题上坚持不懈地探索，那么恐怕他几十次、上百次见到浴缸溢水也会熟视无睹。所以，积极的求异思维能够促使研究者以特殊的角度去观察研究对象。

我们将直觉和思维相互渗透的、复杂的认识活动称为观察。而积极的求异心理使研究者能够敏锐地捕捉到研究对象的特点，并且能够不断地将观察到的事物和已有的知识、看法、前提、假定联系起来进行思考，联络其相似性、特殊性、重复性，发现现象的本质与必然联系，发现偶然现象和新的线索，洞悉其潜在意义，把握其内在规律，从而获得创造性的成果。

### 4. 进程具有突发性和偶然性

经过研究者长期的观察、研究、思考而产生的创造性的成果，同样是创意思维活动过程的产物。在这一过程中，往往存在对形成创造性成果起决定性作用的突发性思维转折点。创意思维总是在某个情景中突然降临，它标志着某一突破的获得，表现为一种非逻辑的特征，这是在长期量变基础上发生的爆发性的质的飞跃。例如，一种新的思想，可以是在读书时由于某段精辟的论述而突然产生的；可以是人们在乘车、散步、看电影、参加体育活动时由于受一句台词或一个偶然的动作的启发而爆发出来的；可以是人们在与他人讨论问题时突然受到启发而产生的；甚至可以是人们在洗澡时顿悟而产生的。

### 5. 成果具有开创性、新颖性和突破性

能够产生前所未有的思维成果是创意思维的最基本的特征之一，而判断创意思维是否具有创造性，关键在于其思维内容是否新颖。如前所述，创意思维解决的是前人没有解决的新问题，因此，它必然具有开创性和新颖性，必然是一种没有经验可以借鉴的、探索性的活动过程。它通常以新的概念、新的范畴、新的符号、新的模型和新的图示准确有效地表达思维的结果，并以最快速的方式向社会展示，从而获得首创权。由此可见，具有强烈的特殊个性色彩的过程就是创意思维的过程。

事实上，创意思维是抽象思维、形象思维与灵感思维的有效结合。这是因为从创意思维的实现形式上来看，无论是抽象思维、形象思维还是灵感思维，都有可能产生创意思维。创意思维还具有突破性。创意思维要想在思维领域保持领先地位，就不能像常规思维那样循序渐进、循规蹈矩地进行，必须保持较大的思维突破性。突破性是人类思维的最根本特性，也是人类能够创新的根本原因。我们能够超越时间界限，在头脑中构想具体时间之外的事物和情景；我们能够超越空间界限，在头脑中构想具体空间之外的事物和情景；我们能够超越事物界限，在头脑中构想世界上从来没有出现过的事物。也就是说，创意思维的突破性能够超越时间、空间、事物的界限。

简单来说，创意思维是在现实世界中并不存在而仅存在于头脑当中的东西。不论是伟大的发明家，还是背着书包的小学生，他们的每一项突破性创新都是运用思维的最终结果。

## 四、创意思维的形式及其特点

创意思维是综合性的思维，那么它的具体表现形式自然也是复杂多样的，主要包括发散性思维、逆向思维、想象思维、联想思维、直觉思维、类比思维6种思维形式。

### （一）发散性思维

发散性思维又称求异思维、分散思维和辐射思维，是创意思维的表现形式之一。

具体来说，发散性思维是指探寻某一个问题可能有多少种答案的过程，以这个问题为中心，思维的方向如同太阳辐射光线一样向外发散，得到的答案越多越好。这种思维方式可以使我们的思路更活跃、敏捷，能为我们提供大量可供选择的方案、策划或建议。我们能够发现，在日常生活中，有些人的思维跨度很大，奇思妙想源源不断；而有些人却缺乏应有的思维广度，只能在一个层面或一种方法上绕圈子，思路总是无法打开。我们的生活中存在着无穷多的事物，我们的生活每时每刻都会产生无穷多的现象，而我们在思考一个问题或一个事物时，也同样面临着无数的可供思考的对象，这就要求我们必须考察与这一问题或事物相联系的其他因素。客观事物和现象无穷无尽，创意思维也永远不会穷尽。

从思维的范围来看，当我们确定了一个思考对象后就要围绕这个对象进行思考。但是，在现实生活中，这个对象总是以各种各样的方式直接或间接地与其他因素相联系，这就为我们在广阔的范围内思考问题提供了可能性。至于这个对象和哪些因素有联系，就需要我们在思考问题的过程中，突破各种思维定式，增加各种可采用的视角，扩大范围，把这个对象放在更广阔的背景里加以考察，从而发现有关思考对象的更多属性。也就是说，我们自以为海阔天空、无拘无束的思索，说不定只是在原地兜圈子。只有当我们换一个视角来观察思考对象时，才可能发现它有许许多多奇妙的地方，才可能发觉原来思考的范围是多么的狭窄。

因为创意思维要解决的问题是没有经验可供借鉴的，所以重复、模仿等传统的方式是不能解决这些问题的。由于事物和事件的数量、属性和变化无穷无尽，使得我们在分析与解决问题时会面临或多或少、或大或小的新问题和新特点，这就要求我们尽量运用创意思维来解决。创意思维的独创性是指产生不同于寻常的新思想的能力特征，表现为解决方案的新奇性，它可以使我们以前所未有的新视角、新观点去认识事物，从而提出非比寻常的新观念。

### （二）逆向思维

逆向思维就是与传统的、逻辑的或群体的思维方向相反的一种思维，是创意思维的基本表现形式之一。

逆向思维反其道而行之，是从结果到原因反向追溯的思维形式。逆向思维使人们对任何问题哪怕是已定的结论，也要多问几个"为什么"，使人们敢于提出不同的意见，敢于怀疑。从广义上来讲，一切与原有的思路相反的思维都可以称为逆向思维。逆向思维总是有意识地探寻事物的对立面，创造新的概念和思路；或是揭示事物另一个方面的性质，把握事物的正反方向、性质变化的程度；或是反其道而行之，从而设计出意想不到的研究方案。在技术发明的过程中，人们就经常运用具有挑战性、批判性和新颖性的启发思路。这种从对立的、颠倒的、相反的方向去想问题的方式往往能打破常规，突破由经验和习惯而造成的僵化的认知模式。在现实生活中，我们总想解决某些问题，可结果总是解决不好或解决不了，如果能够反向思考，也许就会有"柳暗花明又一村"的效果。

同时，揭示处于隐蔽状态下的事物的相反属性，加深对事物本质的认识，这是逆向思维的作用之一。有些事物的对立性质在同一场合下同时出现，有时交替出现，甚至有些性质只是以隐蔽的形式存在。在这种情况下，我们通常会运用逆向思维来揭示事物的潜在性质。

可见，逆向思维是一种非常规思维，专门从对立的、颠倒的、相反的角度去思考问题。一般情况下，人们思考问题大多是从相近的、相似的角度出发，相反的角度因为其反差很大，非特意很少为之。从相近的、相似的角度思考问题，是借助无意识就能完成的自然状态，而逆向思维必须是有意识的、动态的思考。所以，逆向思维的特点就是主动向传统、权威和习惯宣战。逆向思维是对原有思考角度的彻底反转，所以它比一般的求异思维更能打破常规，颠覆正向的思考角度和传统的思考方式，从而促使创意思维成果的产生。逆向思维在大多数情况下表现为超出惯例、反对传统的性质，对常规及偏见进行批判。逆向思维在思维的范围上将人们的视野从熟悉引向陌生，在效果上让我们有耳目一新的感受，在行为上呈现标新立异的特点。

## （三）想象思维

试想一下，如果人类没有了想象，那么我们生活的世界会是什么样子的呢？想象思维作为创意思维的一种形式，充分体现了人类思维的活力。

法国作家雨果曾经说过："莎士比亚的剧作首先是一种想象，然而那正是我们已经指出的，并且为思想家所共知的一种真实。"没有一种心理机能可以比想象更能自我深化，更能深入对象，它是伟大的"潜水者"。同样，科学研究到了最后阶段，就会偶遇想象。不管是在圆锥曲线中、在对数中，还是在概率计算中，"想象"都是计算的系数。想象也是一种创意思维，是人脑对记忆中的表象进行加工改造后创造新形象的过程。

想象力是思维产生爆发式飞跃的内在根据之一，是思维力和创造力的基石。人类在想象时，不仅会有创见，而且会出现意象与思维的其他符号元素相互作用的情况，它们会以人类意想不到的方式进行再结合。从原则上来说，这些代表着现实世界各个方面的元素，其组合的形式是多种多样的。也就是说，人类的想象力是无限的。因此，想象思维是创意思维不可或缺的基本形式之一。

我们可以将想象思维分为无意想象和有意想象两种类型。

### 1. 无意想象

无意想象是没有预定的目的，在某种刺激之下，头脑中自然而然出现新形象，是一种最简单的、初级的、不自觉的想象。例如，当我们观察天空中的浮云时，有时突然觉得它像一条腾飞的巨龙，有时觉得它像一匹奔跑的骏马，有时……各种各样的形象会不由自主地浮现出来，即使人们在从事一些不用思考的活动时，也会浮想联翩。虽然这些想象对思维具有启发作用，但是它们不需要人们付出努力，而且出现得比较突然。

2. 有意想象

有意想象则是在一定的刺激下，根据一定的目的展开想象的过程。它是意识活动形式的一种，是人们根据一定的目的，为塑造某种事物形象而进行的想象活动。这种想象活动具有一定的预见性、方向性。创造想象作为有意想象的其中一种表现形式，是指不依据已有的描述而独立地创造出新形象的过程。创造想象根据预定目的，通过对已有的表象进行选择、加工，产生可以作为创造性活动"蓝图"的新形象，如文学家在创作时或科学家在创造发明时所依据的形象。也可以这么说，创造想象是人类进行创意活动不可缺少的因素。正是因为有了创造想象的参与，人类才能结合以往的经验，根据预定目的和计划在创意活动中创造出新形象，勾勒出劳动的最终或中间产品的立体表象模型。技术发明、艺术创作、科学研究等一切创造性活动都是依靠创造想象才得以顺利进行的。

想象思维是创造性与创新性的结合，它可以使改造后的各个成分产生新的联系，经过重新整合而建立起新的完整形象。而想象思维的结果，是从直观上得到加深的"形象概念"。想象思维能够创造出新概念和概念体系，能够孕育出新奇的思想。在想象的过程中，表象得到进一步加工和组合，创造出新形象，它既可以是人类没有直接感知过的事物形象，也可以是生活中还不存在或根本不可能存在的事物形象。想象思维是组织起来的形象系统对客观存在的超前反映，想象中的内容往往会出现在现实之前。想象本身包含筛选和设计的过程，它能帮助我们从总体上把握事物机制和本质而舍去许多不必要的细节，从而帮助我们超越现实事物。想象的形象还可以成为人的意志行为和实践行为的内在推动力。

## （四）联想思维

创意思维的另一种重要表现形式是联想思维。联想思维不是采用一般性的方法思考问题，它体现出思维的跳跃性，是对问题思考的升华，是由此及彼的思考方式。

人们展开联想，可以激发思维的积极性和主动性，通过多种研究角度探寻多方面的答案，从而把创意思维活动提高到一个新的水平。联想思维是一种由此及彼、由表及里的思维，是人们通过一件事情的激发而转移到另一件事情上的思维。一般来说，在空间和时间上同时出现或相继出现、在外部特征和意义上相似或相反的事物，一旦在人脑中建立联系并留下印迹，当其中一个事物出现时，头脑中就会引起与它相关联的另外一些事物的出现，这就形成了联想思维。联想思维能够克服两个事物或概念之间意义上的差异，并从另一个层面把它们连接起来，由此产生一些新颖的思想。例如，鲁班上山时不小心被一种边缘好像小锯齿的茅草划破了手，他运用相似联想法发明了锯子。联想可以是正反兼有的联想，也可以是正反对照以突出其反差的对比联想，这样，联想的发生过程就具有了很大的刻意性、新颖性和独特性。例如，杜甫的《曲江对酒》云："桃花细逐杨花落，黄鸟时兼白鸟飞。"通过对比，这样一落一飞，为读者呈现了原野上的一派春色。

创意活动是带有一定目的性的活动，需要通过带有目的性的联想去达到目的。当然，从创意思维本身来说，它更加提倡的是思想奔放、毫无拘束的自由式联想，因为自由式联想可以通过多次重复交叉形成一系列的"连锁反应"，从而产生大量的创造性设想。

进行联想就一定要有刨根问底的精神，主动地、有意地联想，联想的范围越广、深度越深，对创意活动就越有益。事实上，古往今来，人类一直在有意无意地通过各种各样的联想，不断地从自然界中得到启发，收获了无数新的创意成果，为自己的生存和发展创造了更好的条件。

联想能力的强弱与一个人是否具有良好的思考习惯密切相关，即与一个人遇事是否肯开动脑筋并善于开动脑筋有关。我们经常会遇到一些人，他们虽然见多识广，却不愿多动脑筋，缺乏悟性，因此也就不善于联想。悟性的作用就在于它有助于人们理性地完成把具体提升到抽象，进一步用抽象指导具体的过程。

## （五）直觉思维

直觉思维可以使人获得仅借助对周围世界的感性认识和理性认识所不能得到的结果，这种结果的获得还具有不可思议的简单性和迅速性，而且直觉思维主体对结果的正确性具有本能的感知。

不同于其他思维模式的是，直觉思维不需要经过一系列概念、判断、推理等抽象概括的逻辑思维过程，它既不以概念为中介，也不以形象为中介，而是以"直觉思维模式"对认识对象的急速投射，产生对认识对象的结论。之所以说直觉是非逻辑的，是就它的认识形式和认识过程的特征而言的，而不是说直觉是反逻辑的或不合逻辑的。在直觉能力的形成和直觉认识模式的发生机制中，包含着逻辑作用及一系列想象过程的综合作用，而直觉能够迅速地把握记忆对象的过程显然不是逻辑的过程，但是直觉的认识能够通过自己特有的方式得到与逻辑思维相同的认识结论。

直觉是我们认识事物、加工信息的两种基本模式之一，是一种并行式、自动式、联合式及更情绪式的加工过程，可以对复杂信息进行快速的、不费力的评估。也就是说，每个人都有直觉，只不过存在着大小的差别。自然界中的动物，特别是一些高等动物，它们在适应环境、对付天敌的过程中形成了特有的趋利避害、生存与延续的求生心理反应能力，这种能力就是人类直觉产生的生物学基础。在人类长期的进化过程中，这种能力得到了进一步的强化，无数次条件反射的经验积淀于人的意识深处，成为一种无意识的"本能直觉"。然后，人类在长期的实践过程中，不但自我意识得到了加强，而且逐步具备了理性思维能力及更强的自我调控能力，可以更加自觉地认识世界。人类累积了大量的实践经验、知识与认识手段，通过整合，这些实践经验、知识与认识手段被进一步积淀在意识深层，形成一个"观察—感知—意会"系统。至此，这种自我调节能力就成了一种无意识的、不自觉的活动。从这个角度来说，直觉思维是人们不必经过逐步分析就可以迅速对问题的答案做出合理猜测或顿悟的一种跃进式思维。直觉思维虽然利用了人们的感性认识，但它绝不会只停留在这一步上，相反，它是超越了逻辑思维形式的一个更高层次的思维。直觉思维表面上好像不需要经过逐步分析就可以迅速找出问题的症结，其实，它也包含了一系列"感性—理性—感性"的思维过程。所以，结果虽然以直观的形式表现了出来，但实际上它已经在人的头脑中进行了逻辑程序的高度检索。直觉是主体、客体与环境的综合效果，因为只有在一定的条件下，直觉主体出于对直觉客体的注意、敏感反应，直觉客体向直觉主体进行了必要的意象投射，直觉才可能发生。直觉是一种迅速的、敏锐的洞察，所以直觉主体的心理驱动力要充分运转，对外界刺激要充分敏感，只有这样直觉才会随之产生。

## （六）类比思维

创意思维中重要的且具有特殊意义的思维是类比思维。创意思维不是在封闭的环境中产生的，而是在开放和比较的环境中产生的。开放的环境能够开阔我们的视野，使我们容易发现差距和问题。类比思维是从两个对象在某些方面的相似关系中受到启迪，从而使问题得到解决的一种创造性思维。

哲学家康德曾说："每当理智缺乏可靠论证的思路时，类比这个方法往往能指引我们前进。"由于类比思维具有从一种特殊领域过渡到另一种特殊领域的优越性，并且具有联想、假设、解释和模拟等多种功能，对创意主体的灵感和直觉思维的产生具有不可忽视的作用，所以类比思维在创意思维中居于重要地位，起着极其重要的作用。

在这里，我们将类比思维分为具体类比、情感类比、抽象类比和非现实类比4种类型。

### 1. 具体类比

具体类比是指事物或事件之间具体特征的类比，它根据事物的某一点相同或相似之处把原来互不相关的事物联系在一起而产生类比，具体类比即比喻。

### 2. 情感类比

情感类比又叫作移情。移情是借助人的情感功能，在人和事物之间进行类比，它不是通常的事物或事件之间的具体类比。移情通常是双向的，既有把事物人格化或拟人化的一面，即把人的特点归于非人的物体或状态；也有使物人化的一面，即将事物或事件的特点赋予人的情况。移情能够使人从新的角度看问题，继而从情感和体验上改变习惯看法，突破常规，实现创新。

### 3. 抽象类比

抽象类比是指利用词语和概念进行类比。语言是储存信息和隐喻的巨大宝库，语言的相关潜力可以通过各种各样的方式得到扩展、丰富。

### 4. 非现实类比

非现实类比是指借助幻想和童话中丰富的想象，与现实问题相联系的类比。这种类比属于隐喻类比，它更需要与想象相结合。在创意过程中，人们往往先利用具体的事物，从比较相似的答案开始尝试，一旦这种尝试不成功，人们就会转向越来越远的情感、抽象符号，最后进入超现实，进行非现实类比。

类比思维通过联想能够充分激发创意主体的想象能力，并使之确定方向。适当的类比可以使创意主体产生合理的联想，从而打破传统思想的束缚。类比思维具有重大的启示功能，能为创意的探寻提供较为具体的线索，尤其是当创意对象的有关材料还不足以进行系统归纳和演绎时，类比思维就起到了开路先锋的作用。在创意过程中，我们只要将一个问题的解决方法弄清楚了，就可以为解决类似问题提供合理的思路。

# ◇ 第二节　创意的过程与步骤

## 一、创意的两项重要原则

（1）把原来许多旧的元素进行重新组合，是创意的一项重要原则。

（2）在实践中养成探寻各事物之间关系的思维习惯，是创意的另一项重要原则。

## 二、产生创意的 5 个阶段

我们以广告创意为例，具体说明产生创意的过程。整个创意过程大致可以划分为以下 5 个相互关联的阶段。

### （一）收集原始资料

原始资料包括两个方面的资料：一个方面是和现在遇到的问题有关的特定知识的资料，另一个方面是在日常生活中连续不断累积、储存的一般知识的资料。

那些和现在遇到的问题有关的资料被称为特定资料。我们以产品销售为例，大家都在不停地诉说深入了解产品及消费者的重要性，但事实上很少为此努力。然而，如果我们研究得够深够远，几乎就能发现每种产品和某些消费者之间相关的特性，这种相关的特性可能会促进创意的产生。

再者，连续不断地收集一般知识的资料与收集特定知识的资料同等重要。每位真正具有广告创作力的设计师，几乎都具有以下两个特点。

（1）没有什么题目是他们不感兴趣的。

（2）他们广泛浏览各门学科的知识。

广告中的创意，常常是对生活与事件有着"一般知识"的人将来自产品的"特定知识"加以重新整合的结果。这个过程与万花筒理论中的组合非常相似。广告这个"万花筒"中的新组合是相当庞大的，里面放置的玻璃片数目越多，最终构成令人印象深刻的新组合就越多。

如果收集特定知识的资料是你面对特殊事务一开始就要做的工作，那么收集一般知识的资料就是伴随你一生的工作。

## （二）仔细检查原始资料

我们可以把仔细检查原始资料的过程形象地看作一个内在消化的过程。面对原始资料，你要仔细加以"咀嚼"，正如你对食物加以消化一样——先寻求事物之间的相互关系，以便每件事物都能像玩具拼图那样，汇聚综合后成为适当的组合。通常，创作人员在这一阶段给人的印象是"心不在焉，魂不守舍"。此时，一般会出现以下两种情况。

（1）少量不确定的或部分不完整的创意会被你得到，无论它们如何荒诞不经或支离破碎，你都要把它们写在纸上。它们都是真正的创意即将到来的前兆。

（2）渐渐地，你会对这些"拼图"感到厌倦。不久之后，你似乎要进入一个令人绝望的阶段，在你的大脑里，每件事物都一片混乱。

## （三）进入深思熟虑阶段

在这一阶段，你要让许多重要的事物在有意识的心智之外去做综合的工作。你要完全顺其自然，不要做任何努力，把你的主题全部放开，最好不要去想任何问题。有一件事情你是可以去做的，那就是做点其他的事情，如听音乐、看电影、阅读诗歌或小说等。在第一阶段，你要收集"食粮"；在第二阶段，你要把它"嚼烂、消化"；现在到了第三阶段，你要顺其自然——让"胃液"刺激其流动。

## （四）产生创意的思维火花

如果在上述的 3 个阶段中，你的确尽到了责任，那么你将进入第四阶段——产生创意的思维火花。可能是由于某种偶然因素的激发，也可能根本没有任何充足的理由，产生创意的思维火花会突然出现。它可能来得不是时候，可能你正在化妆，或正在洗澡；它经常在清晨你还半醒半睡时出现，或在夜半时分把你从梦中唤醒；在你竭尽全力之后，或在你休息与放松之时，它就突然跃入了你的脑海。

## （五）形成并发展此创意，使之能够实际应用

此阶段是创意的最后阶段，可谓是黑暗过后的黎明。在该阶段，你一定要把这个"新生儿"带到现实世界中，让它能够符合实际情况，并让它发挥作用。

你甚至会惊奇地发现，好的创意似乎具有自我完善的本领，它会刺激那些看过它的人们对其加以完善，还会把人们以前忽视的有价值的部分发掘出来并加以放大。

## 三、创意步骤

创意既是思维创新，也是行为创新。创意从本质上来说是丰富多彩、灵活多变、无拘无束的，它不应该墨守成规或固定为某种模式。为了使初学者快速领会创意过程，我们在这里以企业创意为例，归纳出了以下 6 个步骤。

## （一）明确目标

创意者必须弄清创意的本意，并从中提炼出主题，把有限的时间用在与协作者的智慧汇聚中，避免产生歧义或出现南辕北辙的情况。

## （二）环境分析

企业的内外部环境是进行创意的依据，因此我们要对环境进行透彻的分析。通常所说的企业外部环境包括政治环境、社会环境、经济环境、文化环境等，内部环境包括生产状况、经营状况、管理状况等。

## （三）开发信息

创意者要想获取并开发信息，就要对企业提供的资料和亲自深入企业后取得的第一手资料进行认真的分析。在开发信息的过程中，我们要借助人脑与电脑的合作，将电脑对信息的量化分析和人脑对企业现实的感性分析进行整理、加工，去粗取精，去伪存真。在反复的调研、探究、切磋过程中，创意者不仅做到了对情况了如指掌，还会产生强烈的创意冲动，这时就可进入下一个步骤了。

## （四）产生创意

创意既是灵感闪现的过程，也是一种可以组织并需要组织的系统工作。产生创意一般要具备以下 11 个条件。

（1）灵敏的反应能力。

（2）卓著的图形感觉。

（3）充足的情报信息量。

（4）清晰的系统概念和思路。

（5）较强的战略构思和控制能力。

（6）较强的高度抽象化提炼能力。

（7）敏锐的关联性反应能力。

（8）丰富的想象力。

（9）广博的阅历。

（10）多方位思考问题的灵活性。

（11）同时进行多项工作的能力。

## （五）制作创意文案

创意文案也可以称为创意报告，一般包含以下 7 个方面的内容。

（1）命名。命名要简洁明了、标新立异、寓意深远、画龙点睛。

（2）创意者。要说明创意者的单位及主创人的情况，要着重体现创意者的名气与信誉，以使人产生信赖感。

（3）创意的目标。目标概述要突出创意的独创性和适用性，用语力求准确、清晰，避免概念不清和含糊的表达。

（4）创意的内容。要说明创意者的创意依据、创意被赋予的内涵及创意的表现特色。

（5）费用核算。要列表说明创意计划实施所需的各项费用及可能产生的效益，并围绕效益进行可行性分析。

（6）参考资料。用来列出完成创意的主要参考资料。

（7）备注。用来说明创意实施要注意的事项。

## （六）总结

创意文案付诸实施半年或一年后要进行归纳与总结，对文案执行前后的资料进行对比分析，以总结经验、吸取教训。

## 四、创意过程的意义

"创意过程"是一个富有深刻内涵的概念，它是自然和社会，以及思维运动在时间上的持续和在空间上的广延，是矛盾存在和发展的统一体。当我们通过一个过程认识事物时，就要认识事物的来龙去脉，把握事物的发展规律。创意，作为一种复杂的思维过程，它起源于自觉的、有意识的思考，不仅要搜索、接受和重组必要的信息，提出各种可能的方案，在这之后还会有一个孕育阶段，即在意识和潜意识中进一步思考、酝酿各种信息重新结合的可能性，最后它通常会受到某个因素的启发，以灵感的方式突然出现，使我们瞬间完成整个思维过程。

扫一扫

# 第二章

# 创意设计概述

## ◆ 第一节　图案创意设计

### 图案创意的基础知识

### （一）图案的基础知识

图案即图形的设计方案。图案设计是指设计师为了达到使用和美化的目的，按照材料并结合工艺、技术及经济条件等，通过艺术构思对器物的造型、色彩、装饰纹样等进行设计的过程。

图案是与人们的生活密不可分的、将艺术性和实用性相结合的艺术形式。生活中具有装饰意味的花纹或图形都可以被称为图案。一般来说，我们可以把非再现性的图形表现称为图案，包括几何图形、视觉艺术、装饰艺术等。在电脑设计中，我们还可以把各种矢量图称为图案。

《辞海》中对"图案"这一词语的解释："广义指为了对造型、色彩、纹饰进行工艺处理而根据事先设计的方案所制成之图样。有的器物（如某些家具等）除了造型结构，别无装饰纹样，亦属图案范畴（或称'立体图案'）。狭义则专指器物上的装饰纹样和色彩。"

工艺美术家雷圭元先生在《图案基础》一书中对图案的定义是："图案是实用美术、装饰美术、建筑美术方面，关于形式、色彩、结构的预先设计。在工艺材料、用途、经济、生产等条件制约下，制成图样，装饰纹样等方案的通称。"

图案根据表现形式有具象和抽象之分。具象图案可以分为花卉图案、风景图案、人物图案、动物图案等。只有明确了图案的概念，才能更好地学习、研究图案的法则和规律。图案是实用和装饰相结合的一种美术形式，它可以对生活中的自然形象进行整理、加工，使其更完美，并更适合实际应用。我们要系统地了解和掌握图案的基础知识和相关作用，这样不仅能提高对美的欣赏能力，还能在实际应用中创造美，得到美的享受。

## （二）图案造型设计基础

图案造型设计是设计师依据形象所具有的自身规律和人类的审美需求，运用图案元素进行的艺术创作。图案造型的表现形式有很多，除了生活中的具体形象，一切抽象的形象也都是图案造型的表现形式。构成图案造型的要素是点、线、面。根据点、线、面及色彩的视觉心理，运用变化与统一、条理与重复、对称与平衡、对比与调和、节奏与韵律等形式美的法则，结合材料、工艺、技术及功能等进行设计和创作，是图案造型设计的基本方法。

### 1. 点、线、面在图案造型设计基础中的运用

点有规则型和不规则型之分。规则型的点有圆形点、方形点，圆形点给人以完整、充实、内聚、运动之感；方形点给人以方正、坚实、规整、静止、稳定之感。点的大小、组合、穿插可以构成不同的图案，给人不同的感受，借助色彩的作用有时还会产生空间感。图 2-1 所示为运用大小不同的树叶组合成有空间感的图案；图 2-2 所示为运用不同的图案组合成心形的图案。

图 2-1                        图 2-2

线条有直线、曲线之分，我们可以运用其疏密、长短、粗细、重叠、交叉、顺倒、连续等特点画出各种线形，给人以引导视线方向、起止、动静、升降、坚柔等感觉，如图 2-3 所示。

面有平面（包括垂直面、水平面、斜面）、曲面之分，我们可以运用其大小、反复、交叉、重叠、相对、分割等形式构成各种图案。我们还可以借助面的变化构成各种不同的新图案，新图案不仅新颖，还很有意境和画面感，如图 2-4 所示。

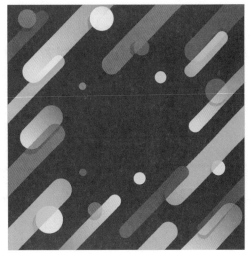

图 2-3

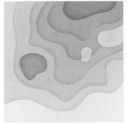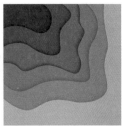

图 2-4

　　学习图案创意设计是从学习点、线、面开始的，点、线、面是图案造型设计的基础，是表达图案创意的方式之一。通过对点、线、面的学习，我们能更好地提高空间想象力，为学习图案创意设计打下坚实的基础。

### 2. 构成图案形式美的最基本的法则

#### 1）变化与统一

　　变化是指相异的形、色、质等图案的构成因素并置在一起，产生了显著对比的效果。比如，构图中的宾与主、虚与实；位置的上与下、前与后；形状的大与小、方与圆；数量的多与少、简与繁；色彩的明与暗、冷与暖；质地的粗与细、软与硬等。变化富于动感，图案的形、色、质等构成因素的变化，可以给人带来生动活泼、新鲜强烈、丰富多彩的感觉。但是，若处理不当则容易给人一种杂乱、松散的感觉，从而使图案失去美感。

　　统一是指图案各组成部分之间的内在联系，具体地讲，就是图案的设计中各个元素的大小排列、空间组合、线条长短、色彩冷暖等。如果处理不好它们之间的关系，画面就会出现杂乱无序、生硬不协调等问题。这时就需要我们统一做出调整，如组合有规律、方向一致、色彩协调、造型一致等，使图案既丰富又协调，在变化中有统一，在统一中有变化，从而形成图案的统一体。

　　变化与统一是相互对立又相互依存的关系。任何完美的图案都具有变化与统一两个方

17

面的特征，只是在不同的图案中，变化与统一的主次不同：以变化为主要倾向的图案，可以通过某些统一或近似的因素在丰富多变中求得统一；以统一为主要倾向的图案，则可以通过某些相异的对比因素在单纯协调中求得变化。

2）条理与反复

条理是指复杂的自然物象的构成因素经过概括、归纳后，变得规律化、秩序化，从而呈现的一种整齐美。条理与反复有着密不可分的联系，条理之中包含着反复的因素，反复又无一不体现着条理，离开了条理与反复，图案的造型和组织将无法呈现。

反复是指同一形象因素的重复或有规律地连续排列，它可以产生统一感的节奏美。条理与反复是客观存在的自然现象。千姿百态的自然物象所具有的各自不同的结构特征和规律，如蝴蝶的色彩、树桩的年轮、树叶的形状、葵花子的分布等，呈现了各自不同的条理，这些都是我们进行条理概括与归纳的依据。

在我国传统图案艺术作品中，各具特征的松针叶子，千姿百态的凤鸟纹（见图2-5），变化万千的云、火纹（见图2-6），它们无一不是经过条理化的概括、归纳，并以各种不同的重复形式出现的。它们在条理整齐之中呈现出节奏和韵律的变化，甚至达到了"程式化"的高度，表现出了整齐美。

图2-5

图2-6

3）对称与平衡

对称是同形、同量的组合，具体是指位于中心线左右或上下的图案的构成因素呈同形、同量的配置。对称是自然界中处处可见的现象，如人体的双眼、双耳、双手、双足，蝴蝶、鸟类的翅膀，植物的对生叶片，冬天的雪花等。

平衡也是自然界中随处可见的现象，如人类的运动、鸟类的飞翔、兽类的奔跑等，无一不是处在平衡的动态之中的。

对称好比天平，平衡好比杆秤，它们是图案造型设计中保持重心稳定的两种结构形式。在实际应用中，我们应根据实用与审美的需要采用其中一种形式或将两种形式结合。在以对称为主的构图中配置相异的因素，于统一与静感之中求变化；在以平衡为主的构图中配置相同的因素，于变化与动感之中求统一，将变化与统一、庄重与活泼、动与静相互结合，以求得完美的平衡感。

4）对比与调和

对比是变化的一种形式，主要指形、色、质等图案构成因素的差异。一切矛盾的因素或相同因素少的物象都可以呈现对比关系。例如，大与小、方与圆是形状的对比；明与暗、冷与暖是色相的对比；粗糙与光滑、轻薄与厚重是质地的对比；动与静、刚与柔、严肃与活泼是感觉的对比等。

对比是自然界中随处可见的现象，蓝天与白云、红花与绿叶、树干与枝条、高山与低谷等，无一不呈现对比的关系。

调和是统一的体现，主要指形、色、质等图案构成因素的近似。当图案相互之间的差距较小或具有某种共同点的因素被配置在一起时，都容易呈现调和的关系。例如，红色与橙红色是色相的近似，圆与椭圆是形状的近似，绚丽多彩与千姿百态是感觉的近似等。因此，调和是自然界中随处可见的现象，青丝与绿叶、高山与峻岭、和风与细雨等，无一不呈现调和的关系。

对比与调和是图案的基本技巧，是取得变化与统一的重要方法。对比与调和是矛盾的统一，过分强调一方而忽略另一方就会削弱和破坏图案形式的完美。在图案设计中，在以对比为主的结构中通过调和因素在变化中求统一，在以调和为主的结构中通过对比因素在统一中求变化。我们通常所说的"万绿丛中一点红"，就是在对比中求调和，在调和中求对比的色彩搭配。我国传统图案中的"方中有圆，圆中有方""刚中有柔，柔中有刚""动中有静，静中有动"，都是正确处理对比与调和关系的极好例证。

5）节奏与韵律

节奏是借用音乐的术语，主要指当图案构成因素有秩序、有条理地反复出现时，人们的视线随之在时间上所做的有秩序的运动。节奏产生于各种物象的生长、运动的规律之中，是自然界中随处可见的现象，如叶子的互生、轮生，花朵的单瓣、多瓣，四季的交替、更迭，潮汐的涨落，以及人的呼吸、步行等，它们无一不呈现节奏。韵律是借助诗词的术语，主要指在图案构成因素的条理与反复所产生的节奏中，表现出来的像诗歌一样抑扬顿挫的优美情调和趋势。

## （三）图案创意设计过程

图案创意设计是设计师采用写实、变化、组合等手法，使图案形象呈现多样化的一个过程。写实型图案形象可分为精细型图案形象、粗放型图案形象和简化型图案形象；变化型图案形象可分为强化夸张型图案形象、概括简化型图案形象、抽象变化型图案形象等；组合型图案形象可分为共生型图案形象（如集合动植物形象为一体）、重叠组合型图案形象、集合组合型图案形象（如集合四季花卉于枝头的折枝花、集合多种鸟的形象于一体的凤凰、集合多种动物形象于一体的龙）、分离组合型图案形象（如原始社会彩陶上的人面鱼纹、青铜器上的兽面纹）。

图案是一门装饰性、规律性极强的艺术，注重外在的形式美。这种规律性与形式美是人类千百年来通过观察自然界客观存在的美的形象并进行总结、归纳、提炼而成的，我们称为形式美法则。这种法则是我们表现不同图案内容，取得完美装饰效果的共同原则。图案的基本法则是统一与变化的协调，是对立统一辩证法在艺术创造上的应用。例如，蝴蝶图案形象就是强化夸张型图案形象，强化夸张的设计方法使蝴蝶的双须、双尾适当伸长，这样不仅可以使其美观，而且有凌空飞舞之感，如图 2-7 所示。

图 2-7

学习图案设计的过程是：先观察真实蝴蝶的造型特点，然后练习设计蝴蝶黑白图案，最后练习设计蝴蝶彩色图案。

### 1. 黑白图案设计

在图 2-8 中，两个蝴蝶图案分别运用点、线、面对蝴蝶的翅膀进行了装饰。两个蝴蝶图案分别采用对称的图形，通过组合将花卉的图案融进蝴蝶的翅膀中，并借助点进行协调，使装饰的图案更适合蝴蝶的外形，如此就达到了饱满、协调、疏密有序的效果。这两个蝴蝶图案还分别运用了形式美法则，将对比与调和、变化与统一有机结合起来，使图案整体看起来既美观又大方。

图 2-8

概括简化型图案形象如图 2-9 ～图 2-11 所示，它们将蝴蝶的翅膀简化成半圆、树叶等形状，并采用对称的图形使图案既有蝴蝶的特点，又有蝴蝶的装饰，简单明了。通过巧妙的结合，蝴蝶图案在原来的基础上有了新的突破，简单而不单调，有结合又不失真实。

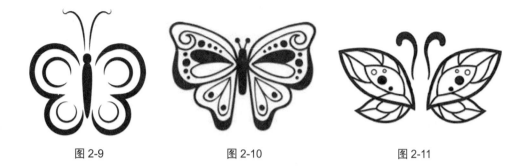

图 2-9                              图 2-10                              图 2-11

## 2.彩色图案设计

（1）点、线、面元素组合法。这里是指图案是由一个元素进行不同角度的旋转和组合而成的，结合点、线、面的穿插，运用色彩的明度变化，使蝴蝶图案具有空间立体感，达到在对比中有统一，在统一中有变化的效果，如图 2-12 和图 2-13 所示。

图 2-12                                        图 2-13

（2）卡通形象法。结合蝴蝶的特点，将蝴蝶拟人化，可以使其头部夸张一些，然后对其翅膀进行装饰，如图 2-14 所示。

（3）装饰法。面对变化的蝴蝶，我们还可以无中生有，通过装饰不仅能使其体现出复杂而不失外形、装饰而不偏本体的效果，还能使蝴蝶图案更艳丽，如图 2-15 所示。

图 2-14                                        图 2-15

## （四）其他图案创意设计

### 1. 植物图案创意设计

植物图案的创意设计可以先从一片叶子或一朵花开始，找出叶子或花朵的特点。例如，叶子是圆的还是扁的，是长的还是短的，叶脉的变化是什么样的；花瓣的形状是什么样的，花瓣的组合是什么样的，花瓣组合好之后是什么形状等。我们可以先对植物图案进行观察与比较，然后用黑白效果将它们表现出来，同时结合形式美法则对它们进行协调和统一，如图 2-16 和图 2-17 所示。

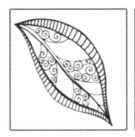   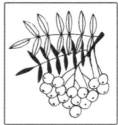

图 2-16

图 2-17

用线的形式表现叶子的特点，线的长短与粗细对比、线的疏密与形状对比、线的弯曲与笔直对比，构成了植物图案创意设计的特点。其中，线的粗细对比、线的疏密对比、线的弯曲与笔直对比是植物图案创意设计的三大主要特点，如图 2-18 所示。

图 2-18

根据叶子的特点，并结合排列的形式，我们可以将不同的叶子组合到一起，组合时注意叶子的穿插、虚实和大小的变化，以使整体显得既和谐又富有变化。不同的底色展示的效果会有所不同。

## 2. 动物图案创意设计

在设计动物图案时，要先了解动物的造型特点，然后将动物的形象按照设计的形式进行规范。各类动物有自身的形象特征、运动规律和状态。奇异的色彩、特殊的结构、多变的形态、迷人的神情等是动物图案变化的重点。动物图案的变化之所以比一般写实作品更生动、有趣，主要是因为其特有的理想化和高度概括具有耐人寻味的感情色彩。针对动物图案的变化，我们要善于捕捉各种动物的姿态，不仅要深入研究动物骨骼和肌肉的结构，还要把握动物的典型特征及其在运动中的变化规律和天然属性。在强调外部特征的同时，我们还应注重对动物性格的刻画，这样才能使图案形神兼备。

变化的目的是突出主题。变化，即通过夸张、变形等方法对搜集到的素材进行艺术加工和提炼，创作出生动形象的动物图案，这是一个从自然美到艺术美的过程。变化的方法包括以下几种。

**省略法**：删繁就简，省略细节，保留必不可少的部分，使图案的形象更加概括、简洁，如毕加索的《牛的变形过程》。

**夸张法**：夸张并不是对图形的简单放大，也不是随心所欲地图形任意夸大，而是对写生的形象进行适度的夸大和强调。

**人性化**：对动物的形象赋予人类的思想和行为。人性化的处理方法可以使某些面相凶狠的动物变得既可爱又有美感。

**几何化**：用点、线、面等几何元素来表现形象。

总之，变化的方法并不是孤立的，我们可以将它们结合起来使用，一个图案常常是几种方法并用。需要强调的是，在动物图案创意设计中，动物形象要比生活中的动物更典型、更生动、更富有艺术感染力。如图 2-19 所示，这组图案中黑白动物头像的变化运用了点、线、面的表现形式，图案用简化的线和面表现动物的特征，动物夸张的表情运用对称图形并结合黑、白、灰，从而表现出特殊的效果，动物的头像严肃中有活泼、统一中有变化。

图 2-19

如图 2-20 所示，这组图案中猫头鹰的变化重点在猫头鹰的翅膀造型和眼睛周围的装饰部分，突出了猫头鹰的特点，同时，以同类颜色搭配达到了协调和统一的效果。

如图 2-21 所示，这组图案将猫头鹰拟人化，为猫头鹰设计了类似人的穿着、服饰和表情，给人一种亲和感。该组图案不仅可爱，而且颜色搭配协调。

图 2-20

图 2-21

### 3. 人物图案创意设计

除了要掌握图案的基本构成规律，我们还要掌握人物的装饰造型形式规律。对图案中人物造型的设计不能用写实的表现手法，要对原始的写生或照片素材进行整理、加工、变形、变色等，然后结合特定的构图组合，才能完成对人物图案造型的设计。

结合形式美法则，运用点、线、面等几何元素（如头发的线或面），将人物的喜、怒、哀、乐等表情特点表现出来，主要体现在眼睛和头发造型的变化上，如图 2-22 所示。

图 2-22

彩色人物图案的绘制应注重结构的变化，图 2-23 所示的图案采用了夸张和装饰的手法，在不同的边框里装饰了不同的创意图案。在左图中，上部的线和中间建筑物的面形成对比，鱼的穿插赋予了作品节奏和韵律感，这些丰富的装饰使人物图案在统一中有了节奏感。在右图中，人物背景的点、线和人物大面积的橘色形成的面，产生了强烈的对比；同时，头发的密集和背景的稀疏形成疏密对比，以此疏密对比关系衬托出人物的特征。

图 2-23

## （五）图案的组合

### 1. 组成连续纹样

连续纹样主要包括二方连续和四方连续两种。

二方连续就是把一个图案的单位元素向两端反复排列，组合成新的图案。这种图案可以应用在桌布、围巾、床单、地毯等上面，如图 2-24 所示。

图 2-24

四方连续就是把一个图案向 4 个方向按照统一的排列再组合成新的图案。这种图案可以应用在床单、布料、地毯、装饰用品等上面，如图 2-25 所示。

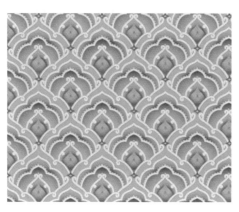

图 2-25

## 2. 组成角隅纹样

角隅纹样就是装饰在形体边缘转角部位的纹样，也叫角花，如图 2-26 所示。角隅纹样的用途很广，可以应用在床单、被面、地毯、头巾、台布、枕套、建筑装饰等的角隅处。

图 2-26

## 3. 组成适合纹样

适合纹样是具有一定外形限制的图案，它是将经过加工、变化的图案素材组织在一定的轮廓线内的纹样。这种纹样既适合又严谨，即使去掉外形仍有外形轮廓的特点，它的花纹组织具有适合性，所以被称为适合纹样。适合纹样的组织要使纹样与外形轮廓相适应，纹样的外形轮廓延伸要舒适、自然、不生硬，要把外形轮廓与纹样构图有机结合起来，而不是让外形轮廓成为可有可无的边框，如图 2-27 和图 2-28 所示。

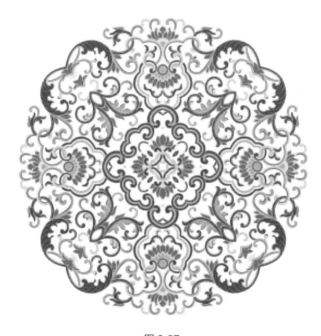

图 2-27

图 2-28

在设计适合纹样时，要先画出设计骨骼，再按照设计骨骼将设计元素组合起来。

## （六）图案元素的来源与提炼

### 1.向传统图案学习

中国是一个历史悠久的国家，有着灿烂辉煌的文化艺术。如河姆渡文化中的双凤朝阳、双头凤等动物图案，仰韶文化的人面鱼纹盆，殷商时代的兽面纹、夔龙纹，汉唐的巨石雕刻、墓室壁画等，无一不体现了中华民族悠久的文化传统。自古以来，人类与动物都是息息相关的，在动物图案中，画的虽然是动物，但表达的是人类的思想意识和感情。人类以高度的热情和兴趣来模仿、塑造动物的形象。

在学习传统纹样时，我们可以将传统纹样的元素抽取出来，并按照一定的方式组合成新的图案，以便运用在图案设计之中，如图 2-29 和图 2-30 所示。

图 2-29

图 2-30

## 2. 向曼陀罗图案学习

曼陀罗图案是由层层叠叠的花瓣和细腻的纹理组合而成的图案。曼陀罗是梵文 Mandala 的音译，大致翻译为圆形物。在古印度和佛教中，曼陀罗为宇宙的象征图案，所有艺术的创造与被创造都有源自它本身的意义。曼陀罗的含义是生生不息的希望和无穷无尽的智慧，它拥有非常高的艺术欣赏价值。曼陀罗是圆形的图腾，适用于个人内在的探索和自我的疗愈，描绘曼陀罗的过程是：构建一个中心点，将所有部分相连，对具体多样的无序、冲突的元素做出同心圆的排列，如图 2-31 和图 2-32 所示。从一个人使用的线条、色彩、造型等就能看出这个人的内心密码，心理学家常常根据曼陀罗图案的描绘过程和结果来研究一个人的心理状况。

图 2-31

图 2-32

　　根据曼陀罗图案可以归纳出常用的图案元素，将这些元素进行不同形式的组合，我们又可以组合成各种不同的图案。这些图案变化无穷，可以为图案创作者提供更多的资料和创作素材，如图 2-33 所示。

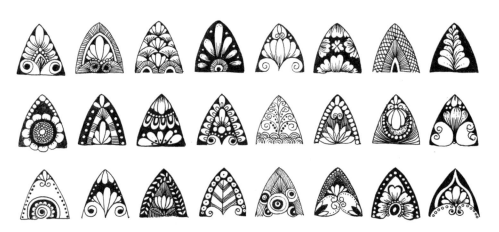

图 2-33

　　图案的创意设计是一个从简单到复杂的过程，从点、线、面到复杂的人物图案变化，从一朵花、一片树叶到一个动物的创意。图案的创意设计又是一个形式美展现的过程，灵活运用形式美法则，将万事万物的美用图案的形式表现出来，并结合实际把设计出的图案运用到实际产品中，可以将产品装饰得更加美观。所以，我们要向传统图案学习，向曼陀罗图案学习，继承传统图案的精华并将它们发扬光大。

# ◇ 第二节　色彩创意设计

色彩作为商品最显著的外貌特征之一，能够首先引起消费者的关注。色彩表达着人们的信念、期望及对未来生活的预测。"色彩就是个性""色彩就是思想"，在竞争激烈的商品市场中，要使某一商品具有明显的区别于其他商品的视觉特征，达到吸引消费者、刺激消费、引导消费的目的，就离不开色彩的运用。

## 一、色彩的基础知识

### （一）色彩的定义

色彩是一种视觉体验，人们能感知到色彩，主要取决于光。光是产生色彩的原因，色彩是光被感觉的结果。当光刺激眼球内侧的视网膜时，视神经会将这种刺激传至大脑的视觉中枢，从而使人产生色彩的感觉。

从光学原理上来讲，人们的眼睛能看到世界万物的色彩，不是因为物体本身的固有色，而是因为物体具有反射和吸收不同光波的特性。不同的物体反射和吸收光波的波长不同，所呈现的色彩就不同，如图 2-34 所示。例如，我们看见了一朵红色的小花，是因为这朵小花有反射红色光和吸收其他颜色光的特性，反射出来的红色光对我们的视觉产生了作用，所以这朵小花看起来是红色的。

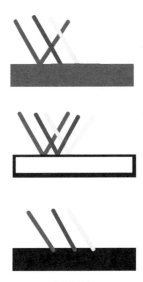

图 2-34

## （二）色彩的种类

色彩一般分为无彩色、有彩色。

### 1. 无彩色

1）定义

无彩色是指黑色、白色及由黑色和白色调和而成的各种深浅不
同的灰色系列（见图2-35）。

图 2-35

2）特点

从物理学的角度来看，无彩色系列的颜色不包含在可见光谱中，不能称为色彩。无彩色
系列的颜色不具备色相与纯度的性质，它们的色相和纯度在理论上为零，它们的明度有变化。

### 2. 有彩色

有彩色是指可见光谱里的全部色彩（见图2-36）。有彩色有无
数种，以红、橙、黄、绿、青、蓝、紫为基本色，基本色之间不同
量的混合，以及基本色与黑色、白色、灰色之间不同量的混合会产
生成千上万种有彩色。有彩色可以分为原色、间色和复色。

1）原色

原色是任何两种颜色都无法调配出来的颜色，原色有红、黄、
蓝 3 种颜色，如图 2-37 所示。

图 2-36

2）间色

间色也叫三间色，是指橙、绿、紫 3 种颜色，是三原色分别叠加产生的颜色，如图 2-38
所示。

3）复色

调配出来的颜色和其他颜色调和后所产生的颜色叫复色。也就是说，3 种以上颜色混合
出来的颜色叫复色，如图 2-39 所示。

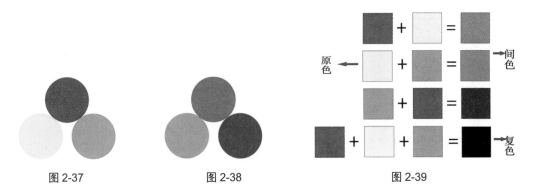

图 2-37　　　　　图 2-38　　　　　图 2-39

## （三）色彩的因素

### 1. 光源色

各种光源（标准光源：白炽灯，太阳光，有太阳时所特有的蓝天的昼光）发出的光，因其光波的长短、强弱、比例性质不同，而形成的不同的色光，叫作光源色。

同样是日光，光源色在早晨倾向于红，在中午日光最强时光源色接近白光，在下午时光源色倾向于黄、橙。总体来讲，晴天时日光的光源色为暖色调的颜色，阴天时日光的光源色为冷色调的颜色。

### 2. 固有色

人们习惯把在阳光下物体呈现的色彩效果总和称为固有色。严格地说，固有色是指物体固有的属性在常态光源下呈现的色彩，也就是人们在日常生活中看到的自然物体在阳光下呈现的颜色，如绿色的田野、金黄色的麦田、红色的晚霞、蓝天白云、红花绿叶等。

### 3. 环境色

在各类光源（如日光、月光、灯光等）的照射下，环境所呈现的颜色被称为环境色。物体暗部的反光部分变化比较明显：如绿树在阳光下亮面是暖绿色；暗部背光部分因主要接受日光和地面其他物体的反光，呈现蓝绿色；靠近地面的部分则为略深的比蓝绿色较暖一点的灰绿色。如果绿树处在逆光下就会给人另外一种感觉。同样一条红裙子，在红、黄的暖色调环境中和在绿色的冷色调环境中是完全不一样的红，它的暗部色彩变化也不一样。在红、黄的暖色调环境中，它的暗部色彩受暖色调的影响为深红色；在绿色的冷色调环境中，它的暗部色彩受周围绿色的影响为红棕色。由于物体的暗部背光，固有色的呈现不明确，同时又受周围其他物体颜色的影响，因此我们把在这种情况下物体呈现的颜色称为环境色。

## （四）色彩的特性

在视觉上，色彩是无法用一般的量值来衡量的，只能用 3 个特殊的物理量——波长、纯度、振幅来描述，通常我们用相应的 3 个心理（主观）量——明度、色相、纯度来描述。视觉所感知的一切色彩形象都是明度、色相、纯度这 3 个特性的综合效果。这 3 个特性是色彩的三要素，也是色彩最基本的构成元素。

### 1. 明度

明度是指色彩的亮度。颜色有深浅、明暗的变化，如深黄、中黄、淡黄、柠檬黄等黄色在明度上是不一样的；血红、深红、玫瑰红、大红、朱红、橘红等红色在亮度上也是不一样的。颜色在明暗、深浅上的不同变化就是色彩的明度变化，如图 2-40 所示。

图 2-40

　　色彩的明度变化有多种情况，这里列举了 3 种情况：一是不同种类颜色之间的明度变化，如在未调配过的颜色中，白色明度最高，黄色比橙色亮，橙色比红色亮，天蓝色比藏蓝色亮，红色比黑色亮；二是在某种颜色中加入白色，明度就会提高，而加入黑色，明度就会降低，同时它们的饱和度也会降低；三是相同的颜色因光线照射的强弱不同，也会产生不同的明暗变化。

### 2. 色相

　　色相是指色彩的相貌，它是区分色彩种类的标准，光谱色中的红、橙、黄、绿、青、蓝、紫为基本色相。色彩学家把红、橙、黄、绿、青、蓝、紫等色相按环状形式排列，以形成一个封闭的环状循环，从而构成色相环，如图 2-41 所示。

### 3. 纯度

　　纯度是指色彩的鲜艳程度，也称为饱和度。凡有纯度的色彩一定有相应的色相感，有色相感的色彩都被称为有彩色，无彩色没有色相，故纯度为零。一个颜色的纯度高并不等于其明度高，即色相的纯度与明度不成正比关系，如图 2-42 所示。

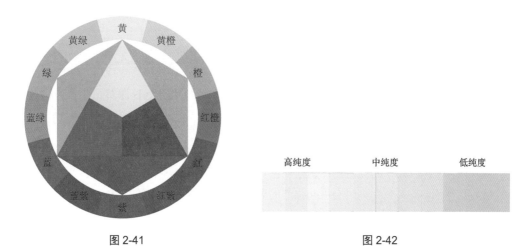

图 2-41　　　　　　　　　　　　　　图 2-42

## 二、色彩的配色

### （一）对比色、邻近色、同类色、互补色

对比色、邻近色、同类色、互补色的搭配关系，如图 2-43 所示。

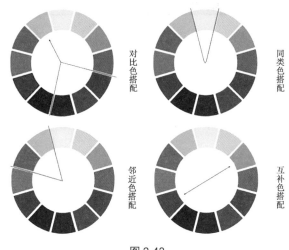

图 2-43

#### 1. 对比色

对比色是指色相环中相隔 120°～150° 的任何 3 种颜色。

#### 2. 邻近色

邻近色是指色相环中相隔 60°，或者相隔 3 个位置以内的两种颜色。邻近色之间的色相彼此接近，冷暖性质一致，色调统一和谐，感情特性一致，如红色与黄橙色、蓝色与黄绿色等。

#### 3. 同类色

同一色相中不同倾向的系列颜色被称为同类色，如黄色可分为柠檬黄、中黄、橘黄、土黄等。

#### 4. 互补色

色相环中相隔 180° 的颜色被称为互补色。例如，红色与绿色、蓝色与橙色、黄色与紫色等都为互补色。互补色并列时会引起强烈的对比，让人感觉红的更红、绿的更绿。

### （二）色彩的对比

#### 1. 明度对比

明度对比是指色彩明暗程度的对比，也称色彩的黑白度对比。例如，从同一张灰色的

纸上剪下两个小正方形，分别放在一张白色背景纸和一张黑色背景纸上，对比后会感觉放在白色背景纸上的小正方形的明度变暗了，而放在黑色背景纸上的小正方形变亮了，而且在小正方形与背景纸相互连接的边界附近，明度对比显得特别明显，如图 2-44 所示。

图 2-44

### 2. 色相对比

　　两种以上的色彩组合后，由于色相差别而形成的色彩对比被称为色相对比，它是色彩对比的一个根本方面，其对比的强弱程度取决于色相之间在色相环上的距离（角度）。距离（角度）越小，对比越弱，反之则对比越强，如图 2-45 所示。

图 2-45

### 3. 纯度对比

　　一种色彩在与另一种更鲜艳的色彩进行对比时，它会显得不太鲜明，但与不鲜艳的色彩进行对比时，它会显得鲜明，这种色彩对比被称为纯度对比，如图 2-46 所示。

### 4. 互补色对比

　　将红色与绿色、黄色与紫色、蓝色与橙色等具有互补关系的色彩彼此并置，从视觉上来看色彩显得更鲜明，这种色彩对比被称为互补色对比，如图 2-47 所示。

图 2-46　　　　　　　　　　　　　　　　图 2-47

### 5.冷暖对比

由于色彩的冷暖差别而形成的色彩对比被称为冷暖对比。暖色即红色、红橙色、橙色、黄橙色、黄色、棕色等颜色，人们看到这些颜色后会联想到太阳、火焰等，进而产生温暖、热烈、豪放、危险等感觉。冷色即绿色、蓝色、紫色等颜色，人们看到这些颜色后会联想到天空、冰雪、海洋等，进而产生寒冷、开阔、理智、平静等感觉。黑色、白色和灰色是中性色。

色彩的冷暖感觉不但表现在固定的色相上，而且会在比较中显示其相对的倾向性。例如，同样表现天空中的霞光，用玫红色描绘早霞那种清新而偏冷的色彩显得很恰当，而描绘晚霞则需要暖感强的大红色。若与橙色对比，玫红色与大红色更偏向冷色调。

以下是暖色与冷色给人的感觉。

（1）暖色给人的感觉：豪放、阳光、不透明、大、扩大、凸出、热情、热烈、活泼、强烈、稠密、深、迫近、重、强烈、干旱、有感情、轰轰烈烈等。

（2）冷色给人的感觉：婉约、阴柔、透明、小、缩小、凹陷、镇静、冷静、文雅、弱性、稀薄、淡、开阔、轻、微弱、水润、理智、平平淡淡等。

## （三）色彩的感觉

### 1.色彩的轻重感

色彩的轻重感主要与色彩的明度有关。明度高的色彩使人联想到蓝天、白云、彩霞、棉花、羊毛及许多花卉等，从而让人产生轻柔、飘浮、上升等感觉；而明度低的色彩容易使人联想到钢铁、大理石等物品，从而让人产生沉重、稳定、降落等感觉。此外，在相同的明度下，暖色比冷色重一些。

### 2.色彩的软硬感

色彩的软硬感主要来自色彩的明度，但与纯度有一定的关系。纯度越低，感觉越软；纯度越高，感觉越硬。低纯度的色彩呈软感；中纯度的色彩呈柔感，因为它们容易使人联想到骆驼、狐狸、猫、狗等动物的皮毛，以及毛呢、绒织物等；高纯度的色彩呈硬感，如果它们的明度越低，硬感就越明显。色相与色彩的软硬感几乎无关。

### 3.色彩的前后感

各种不同频率的色彩在人眼视网膜上的成像有前后的区别。红色、橙色、黄色等光频低的色彩在内侧成像，给人的感觉比较迫近；绿色、蓝色、紫色等光频高的色彩则在外侧成像，使人在同样距离处感觉比较开阔。实际上这是一种视错觉的现象，一般暖色、纯色、高明度色、浊色、强对比色、大面积色、集中色等给人一种迫近的感觉；相反，冷色、淡色、低明度色、清色、弱对比色、小面积色、分散色等给人一种开阔的感觉。

### 4.色彩的大小感

由于色彩有前后觉，所以不同频率的色彩在视网膜上成像的大小不同。暖色、高明度色等有扩大、膨胀感，而冷色、低明度色等有显小、收缩感。同等面积的色块在视觉上冷色比暖色看起来要小。

### 5. 色彩的华丽感与质朴感

色彩的三要素对色彩的华丽感与质朴感都有影响，其中纯度的影响最大。明度高、纯度高的色彩，以及丰富、强对比的色彩给人以鲜艳、强烈的感觉；明度低、纯度低的色彩，以及单纯、弱对比的色彩给人以质朴、典雅的感觉。但无论何种色彩，只要带上配色，就能获得华丽的效果。

### 6. 兴奋与冷静

当我们面对碧绿的湖水或明亮的天空时，会有一种清新、豁达之感；当我们面对炙热的太阳或干旱的沙漠时，内心就会烦躁，这便是色彩展现出来的令人兴奋与冷静的特性。当我们看到红色、橙色、黄色等颜色时，思绪会变得比较兴奋，因此我们将这类颜色称为兴奋色；当我们看到青色、绿色、蓝色、紫色等颜色时，思绪则会变得消极，因此我们将这类颜色称为冷静色。

## （四）色彩的象征性

### 1. 红色

红色的光频率最低，衍射能力较强。红色容易使人联想到太阳、火焰、热血、花卉等，给人以温暖、兴奋、活泼、热情、积极、豪放、轰轰烈烈、希望、忠诚、健康、充实、饱满、幸福的感觉，但红色有时也被认为是血腥、原始、暴力、危险的象征。红色历来是我国传统的喜庆色彩。

带棕色的深红色给人的感觉是庄严、稳重和热情，常见于欢迎贵宾的场合。含白色的高明度粉红色，则常常给人柔美、甜蜜、梦幻、愉快、幸福、温雅的感觉，几乎成了女性的专用色彩。

### 2. 橙色

橙色与红色同属暖色调，具有红色与黄色之间的色性。橙色容易使人联想到火焰、火光、霞光、橙子等，它是温暖、响亮、激动的色彩，常常给人活泼、跃动、炽热、温情、甜蜜、幸福的感觉，但它有时也有疑惑、嫉妒、伪诈等消极倾向性的含义。

含灰色的橙色被称为咖啡色，含白色的橙色被称为浅橙色（血牙色），它们与橙色本身都是装饰中常用的色彩，也是众多消费者，特别是妇女、儿童、青年喜爱的服装色彩。

### 3. 黄色

黄色是最温暖的色彩之一，可以给人活泼、愉快、丰收、功名、成熟等感觉。但黄色容易与其他色彩相混，极易失去其原貌，故有轻薄、不稳定、变化无常、冷淡等含义。含白色的淡黄色给人平和、温柔之感，含大量淡黄色的米色或本白色则是很好的休闲自然色，深黄色却另有一种高贵、庄严感。由于黄色极易使人联想到许多水果的表皮，因此它能引起人们的食欲。黄色还被用作安全色，因为它有警戒作用，如室外作业人员的工作服就是黄色的。

### 4. 绿色

在大自然中，除天空以外，绿色所占的面积最大，几乎随处可见，它象征着生命、青春、和平、安详、新鲜等。绿色适合人眼的注视，有消除疲劳的作用。黄绿色带给人们春天的气息，颇受儿童及年轻人的欢迎。蓝绿色、深绿色是海洋、森林的色彩，具有灵动、开阔、睿智等含义。含灰色的绿色，如土绿、橄榄绿、咸菜绿、墨绿等给人成熟、老练的感觉，是人们广泛选用的颜色。

### 5. 蓝色

与红色、橙色相反，蓝色属于典型的冷色调色彩，具有宁静、冷淡、敏捷、理智、高深、透明等含义。随着人类太空事业的发展，蓝色又有了象征高科技的强烈现代感。蓝色系明朗而富有青春朝气，为年轻人所钟爱，但其也给人以不够成熟的感觉；藏蓝色系冷静而理智，是中年人普遍喜爱的色彩；略带暖昧的群青色，充满着动人的深邃魅力；藏青色则给人以大度、端庄的印象；靛蓝色、普蓝色因在民间被广泛应用，似乎成了民族特色的象征。当然，蓝色也有其他的性格，如刻板、冷漠、忧郁、遥不可及等。

### 6. 紫色

紫色具有梦幻、高贵、优美、庄重、奢华的气质。含浅白色的淡紫色或蓝紫色，有着类似太空、宇宙色彩的优雅、梦幻、科技之感，在现代生活中被广泛采用。

### 7. 黑色

黑色为无色相、无纯度之色，往往给人以隐藏、沉静、神秘、严肃、庄重、含蓄的感觉。另外，黑色也容易让人产生悲哀、恐怖、不祥、沉默、消亡、罪恶等消极的感觉。尽管如此，黑色的组合适应性极广，无论什么色彩，特别是鲜艳的纯色与其相配，都能取得赏心悦目的良好效果。但是我们不能大面积地使用黑色，否则，不仅其魅力大大减弱，还会使图案产生压抑、阴沉的恐怖感。

### 8. 白色

白色给人的印象是洁净、光明、纯真、清白、朴素、卫生、恬静等。在白色的衬托下，其他色彩会显得更艳丽、更开朗。但是，如果白色用多了，则可能产生平淡无味的单调、空虚之感。

### 9. 灰色

灰色是中性色，其突出的性格为柔和、细致、平稳、朴素、大方。灰色不像黑色与白色那样，会明显影响其他的色彩，因此，它作为背景色是非常理想的。任何色彩都可以和灰色相混合，略有色相感的暗灰色能给人以高雅、细腻、含蓄、稳重、精致、文明而有素养的高档感觉。当然，滥用灰色也易暴露其乏味、寂寞、忧郁、无激情、无兴趣的一面。

## 10. 土褐色

土褐色是指含一定灰色的中、低明度的各种色彩，如土红、土绿、熟褐、生褐、土黄、咖啡、咸菜、古铜、驼绒、茶褐等色彩，这些色彩的性格不太强烈，亲和性较高，易与其他色彩搭配，特别是和鲜艳的色彩相伴，视觉效果更佳。这些色彩还会使人想起金秋的收获季节，故又有成熟、谦让、丰富、随和之感。

## 11. 金属色

除金、银等贵金属色外，所有色彩带上金属色后，都彰显其华丽的特色。金色，富丽堂皇，象征着荣华富贵，忠诚；银色，雅致高贵，象征着纯洁、信仰，比金色温和。它们与其他色彩都能搭配，几乎可以达到"万能"的程度，小面积点缀，具有锦上添花、提神的作用，大面积使用则会产生负面的影响，显得浮华而有失稳重感。金属色如能被巧妙使用或装饰得当，不但可以起到画龙点睛的作用，还可以产生强烈的高科技现代美感。

## （五）课题实例

本课题实例在国际通用色标纸中选取 200 余种色彩为媒介，分两个课题进行。

### 1. 课题一：摆布色彩关系

1）要求

运用色标纸拼贴四幅作业：互补色强对比、互补色弱对比、邻近色强对比、邻近色弱对比。图形要求抽象，四幅作业基本统一，只变异色彩关系，副标题均为《我喜欢》。选择这个课题的目的是让大家理解色彩的魅力来自色彩之间的关系，明确个性化色彩倾向。

2）方法

（1）色彩的独特属性也被称为色彩的三要素：色相、纯度、明度。课程选择互补色和临近色作为切入点。

（2）互补色强对比：尽量展现一对互补色关系的强烈反差。作业要求视觉警醒，却不产生反感、烦躁，这需要在明度和纯度上进行调节，强化互补色关系的对比。

（3）互补色弱对比：强调以"和谐"为主题，减弱对比的关系，但是，平缓之中仍旧要有清晰的补色对比，这样才醒目。

（4）邻近色强对比：取色相环中冷色调或暖色调中的邻近色。原本和谐过渡的色彩关系中如何显现强对比，给视觉以鲜明的刺激？当色相接近时，必须尽量拉大纯度对比或明度对比才可以显出强对比。

（5）邻近色弱对比：训练如何敏感地区分色相微差、冷暖微差、鲜灰微差、明度微差。弱对比不等于无对比，弱到什么程度才恰到好处？弱到什么程度视觉还可以产生有情致的辨别？这些往往需要反复斟酌。

3）结论

能引起心理深层愉悦的色彩并非某个孤立的颜色，也不是任意并置的原色与间色，色彩的魅力来自色彩之间的关系。我们要用心协调每个色块之间的补色关系、冷暖关系、鲜灰关系、明度关系，也可以说调色即调关系。

互补色强对比、互补色弱对比、邻近色强对比、邻近色弱对比示例图如图 2-48 和图 2-49 所示。

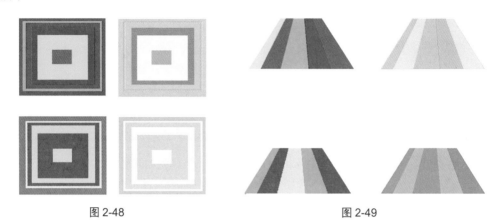

图 2-48　　　　　　　　　　　　　　图 2-49

### 2. 课题二：抽象色彩表意

1）要求

内容：心象——自我心理象征。从以下词汇中选择一个正面心理名词、一个负面心理名词，运用抽象色块象征，每人设计两幅作品。图形限定为方形变异或圆形变异，一幅作品尽量选择一种图形（见图 2-50）。色彩限定：五色之内，不能有三原色和纯黑、纯白。

正面心理名词——高雅、浪漫、幸福、坚定、崇高、纯真、温暖、悠然。

负面心理名词——无奈、孤独、惶惑、沮丧、空虚、郁闷、忧愁、悲伤。

图 2-50

2）方法

鉴别表意是否被感知是课程的重点。教师应创造交流的场所，把所有作品摆放在一起，要求每个人都要概述自己的主题，然后接受他人的评判。

3）结论

色彩与心理密不可分，色彩是感性的（见图 2-51）。尝试色彩的抽象联想：对于红色，不强调联想血液、红旗，而强调联想热烈、力量、挚爱；对于蓝色，不强调联想海洋、天空，而强调联想安静、深邃、悠远；对于黄色，不强调联想麦穗、橙子，而强调联想希望、明朗、响亮。

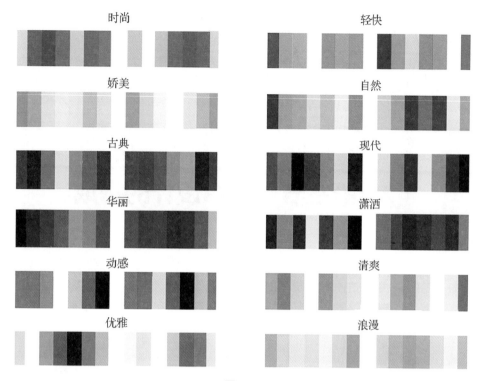

时尚　　　　　　　　　　　　　　　　轻快

娇美　　　　　　　　　　　　　　　　自然

古典　　　　　　　　　　　　　　　　现代

华丽　　　　　　　　　　　　　　　　潇洒

动感　　　　　　　　　　　　　　　　清爽

优雅　　　　　　　　　　　　　　　　浪漫

图 2-51

## 三、色彩设计的功能及应用

色彩设计的功能及应用范围非常广泛，而且它与我们的生活息息相关，因此，它的重要性不言而喻。事实上，色彩设计必须具备一个非常专业且特殊的功能，它必须是一门系统化、弹性化、人性化、实用化、科学化的完美学问，具体叙述如下。

（1）系统化。色彩设计的应用，在技术上是为了配合主体的市场性，因此，色彩设计必须是一门复杂的、系统化的、分门别类的精深的学问，只有这样。色彩设计才能符合各种产品设计、生活设计等实际需求。

（2）弹性化。色彩的基本功能是透过视觉直接到达内心的一种感性诉求力，而每个人、每个消费群体的诉求有所不同，多样而烦琐，所以，色彩必须成为放之四海而皆准的学问，这样才能被广泛采用。因此，除了基本原理不变，色彩设计还必须保持高度的弹性化标准，方能成功。

（3）人性化。做学问很容易让人陷入一种不着边际的、数理逻辑游戏式的空谈危机。设计的色彩原本是我们生活中不虞匮乏的要素，非常实际，但是，在对它进行研究、推演时，如果陷入纯理论的领域，且拒绝与实际保持密切关系，就容易形成谬误。因此，色彩的命名、效用、功能、本质必须具有人性化的标准，从人的感觉出发，这样才不至于陷入空洞的泥沼。

（4）实用化。在这里，实用化是指普遍性与社会化。色彩是大自然的产物，色彩可以满足人类的生存需求，因此，色彩设计必须是普遍的、社会的，这样才能被人们所接受。

（5）科学化。世界上任何有价值的事物，都要通过真理的评估，才能确定它的珍贵之处。色彩设计的逐步完善也正体现了科学化的成果。

基于以上 5 点，从色彩设计中寻求系统化、弹性化、实用化、科学化且充分表达人类原始感情的原理，并将其运用于生活、生产的实际需求中，才能开启更新颖、更完美的未来。

# ◇ 第三节 创意设计的构成

生活就是设计。设计是造物，所造的物体不仅要有使用功能，还要有一定的美化装饰功能。设计是创造，是创造性的活动。随着数字化时代的到来，人们的审美需求更加多元化，每天成千上万条的信息在不断地刷新着人们的认知。因此，我们也需要一套新的思路与方法去训练未来的设计师，以适应当下的需求。

在设计领域，构成是指将一定的形态元素按照视觉规律、力学原理、心理特性、审美法则进行创造性的组合。构成作为一门传统学科在艺术设计基础教学中起着非常重要的作用，它是对学生在进入专业学习前的思维启发与观念传导。

1919 年，包豪斯设计学院在格罗皮乌斯提出的"艺术与技术的统一"口号下，努力寻求和探索新的造型方法和理念，对点、线、面、体等抽象艺术元素进行了大量的研究，在抽象的形、色、质的造型方法上花费了很大的力气。教学中的这种研究与创新为现代的构成教学打下了坚实的基础。

## 一、立体构成的概念

### （一）立体构成的定义

立体构成是用一定的材料，以视觉为基础，以力学为依据，将一定的形态按照构成的原则和视觉效果巧妙地进行组合，创造成富有变化且具有特点的立体结构。

立体构成主要是指形态提取、造型组合、材料运用这些方面的内容，所以，对立体构成的训练往往不用考虑造型的功能性与应用性，单纯地从审美和思维方法的角度进行公共折纸艺术装置训练即可，其作用主要体现在以下几个方面。

（1）可以使学生对以后课程中涉及的空间方面的知识有比较系统的学习和理解。

（2）通过学习可以帮助学生掌握空间思维与抽象思维的方法、形态的观察与收集的方法、形态的分析与提取的方法、形态的组合与运用的方法、对形态的综合评价的方法等。

（3）可以培养学生合理运用材料的能力，以及动手制作的能力。

（4）使学生在动手的过程中，更好地理解立体形态、空间等原理，以及它们之间的关系，如图 2-52 所示。

图 2-52

## （二）立体构成在各专业中的应用

除了传统的建筑设计、工业设计，现在的视觉传达设计、服装设计、首饰设计、室内设计、景观设计、雕塑设计、动漫设计等学科也把立体构成课程作为专业的基础课程。凡是涉及形态和空间内容的学科，都把立体构成作为其教学的基础课程。

日本时装设计师三宅一生为意大利灯具品牌 Artemide 设计的"in-ei"灯具，具有三宅一生典型的折叠风格，如图 2-53 所示。

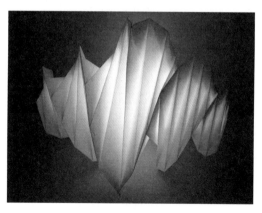

图 2-53

## （三）设计专业学习构成的意义和目的

（1）培养学生从观察元素，到提取元素、提炼元素，再到组织元素的方法和能力。
（2）对提高学生的审美观察能力、抽象思维能力、组织能力、动手能力有重要的意义。

## 二、立体构成的形态

### （一）形态的基本概念

在这个立体的世界中充满着各种形态的物体，形态是它们最基本、最直观的识别元素之一，也是我们认识事物的第一印象。

一个物体的外形轮廓是我们对这个物体最初步、最直观的认识之一，但是在立体构成中，形态所指的内容不只局限在物体的外形轮廓上。因为我们从不同的角度观察一个立体形态，能看出不同的外形轮廓，随着观察角度的变化，这个立体形态的外形轮廓也会相应地发生变化。因此，在立体构成中，形态应该为物体在不同角度下外形轮廓的集合。上海世博会英国馆的设计灵感就来源于蒲公英的造型，如图 2-54 所示。

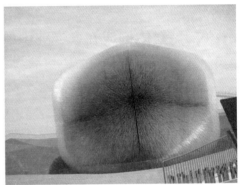

图 2-54

在立体构成中，形态是不容忽视的内容，是研究和表达的主要对象。当然，在教学中，如何让设计专业的学生理解形态、发现形态的美，同时让学生掌握提炼形态、组织形态的方法，为以后的设计提供有力的支撑，是立体构成教学的重要目标。

### （二）形态的分类

关于形态的分类，从形态的成因角度来看可分为两类：自然形态与人工形态。

#### 1. 自然形态

自然形态是指在自然法则下形成的各种可视或可触摸的物体的形态。经过千百年来的自然进化，这些物体的形态与它们所处的环境联系紧密、和谐统一，成了我们取之不尽的设计灵感来源。例如，根据蜂巢的形态设计出来的吊饰，如图 2-55 所示。

自然形态可分为有机形态与无机形态。

有机形态是指可以再生的、有生长机能的形态，可以给人舒畅、和谐、自然的感觉，如图 2-56 所示的花朵和树的年轮。

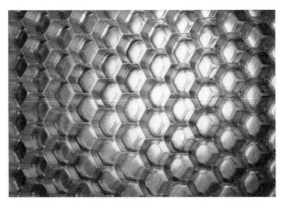 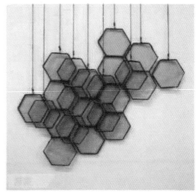

图 2-55

图 2-56

无机形态是指相对静止的、不具备生长机能的形态。无机形态是经过大自然千百年来的精雕细刻形成的，如图 2-57 所示的流水冲刷的岩石。

图 2-57

## 2. 人工形态

人工形态是指人类有意识地运用工具或材料所创造、加工出来的物体形态，如图 2-58 所示的具有拼图效果的灯具、椅子等。人工形态属于人造形态，它可以来源于人们对自然环境的学习、模仿，也可以来源于人们重新的提炼、组合与创造。

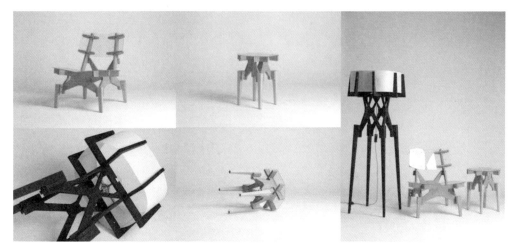

图 2-58

人工形态根据造型特征可分为具象形态与抽象形态。

具象形态与实际形态相近，反映物象的真实细节和典型性的真实本质，往往能真实地反映临摹物体的外形特征和形态特点。英国设计师 Marc Fish 经常从大自然中寻找设计灵感，如图 2-59 所示的桌子，其外形就酷似鹦鹉螺的外壳。图 2-60 和图 2-61 都是具象形态的设计范例。

图 2-59

抽象形态不直接模仿，是根据原型的概念及意义再创造的观念符号。抽象形态来源于人们对自然物体的高度概括和提炼。在概括和提炼的过程中，人们将具体的形象简化为纯粹的几何形态。图 2-62 和图 2-63 均为抽象形态的设计范例。

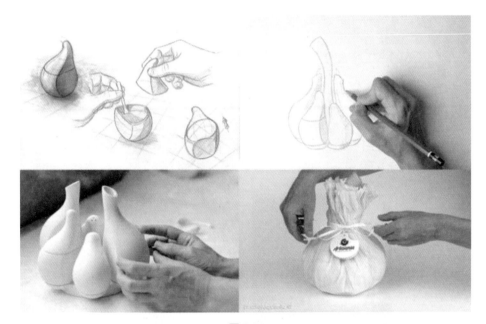

图 2-60

图 2-61

图 2-62 　　　　　　　　　　　　图 2-63

## 三、立体构成形态的造型方法

对于学习立体构成课程的学生来说，如何获取形态，是在开始学习立体构成课程时比较难的一个问题。同时，如何将立体构成的练习与写实性绘画训练结合起来，掌握由写实性训练到立体构成转换的方法，也是初次接触本课程的学生需要面对的问题。

### （一）用眼睛去发现

随着时代的发展和科学技术的推动，我们观察世界的方式变得更加多元化。我们可以看到物体的内部结构，可以看到更小的物体局部，也可以看到更遥远的星空。这些技术上的进步都带来了更新奇的视觉体验，极大地刺激了我们的想象力和创造力（见图2-64和图2-65）。

图2-64                    图2-65

### （二）用心去提炼

（1）简化、概括的提炼手法。

简化、概括的提炼手法以参照物为对象，抓取其主要特点，略去琐碎的细节，以使物体的外形轮廓更加精练，提取出来的形态更加简洁有力，能在一瞬间打动使用者。大自然的元素造就了某品牌香水一系列独特的形状，设计师从自然界中提取了竹节、海螺、石块的形态，将它们作为香水瓶的造型，如图2-66所示。

图2-66

（2）剪切已知物体得到新的形态。

对原有的已知物体进行各种剪切，这样可以产生各种随机的形态。形态被相互剪切，可以打破原有造型的呆板，如图2-67所示。

图 2-67

（3）分解并重构已知物体得到新的形态。

利用提炼的方法，通过分解能得到基本的元素，这些元素可以是具象的，也可以是抽象的，然后将这些元素按照一定的发展形势进行重新组合，就可以得到新的形态。上海世博会挪威馆的建筑主体就是以松树为参考造型，通过分解再重构而形成的，如图2-68所示。

图 2-68

## 四、构成形态元素的基础造型法则

## （一）点的立体构成

在立体构成中，点是最基础的元素。点的形态是多样化的，不局限于圆形，空间中相对小的元素都可以被视为点。

在立体构成中，点的立体构成的作用如下所述。

扫一扫

（1）空间中的点虽小，但是我们可以利用点的聚集性制作各种形态，当许多点聚集为某个形态的时候，同样能产生令人震撼的效果。

（2）当点的大小或排列有疏密变化的时候，我们能从中感觉到运动感，如图 2-69 所示。

（3）点能形成视觉上的焦点。

图 2-69

## （二）线的立体构成

在立体构成中，如果一个物体有明显的长度特征，我们称为线条。不同形态的线条，有着丰富的表现力。线不仅能构成形态的骨骼，还能构成形态的外形轮廓，如图 2-70 所示。

图 2-70

在空间中，不同角度的直线可以表现出不同的心理状态。竖直的直线在视觉上有上升感；水平的直线可以给人安静、稳定的感觉；向右上方向倾斜的直线带有运动感；向右下方向倾斜的直线给人消极、悲观的感觉。不同角度的直线如图 2-71 所示。

图 2-71

曲线可以带给我们柔软、优美、优雅的感觉，具有典型的女性化特点。由于长度、宽度、厚度的比例不同，曲线能产生粗细、长短、曲直等不同的形态。几何状的曲线给人严谨、明快、现代的感觉；自然状的曲线给人柔和、自然、富有生气的感觉。

## （三）面的立体构成

在立体构成中，面可分几何形面、非几何形面两大形态。

### 1. 几何形面的构成

几何形面的特点是规范性，几何形态是规则的。几何形面的基本形态是正方形、三角形、圆形，由直线和几何形曲线构成。规范的几何形态给人强烈的次序感，变化的几何形态则给人强烈的节奏感，如图 2-72 所示。

图 2-72

2. 非几何形面的构成

非几何形面是不规则的，是由自由曲线结合直线构成的自由形态，实际上也是由自由曲线组合各种变形的正方形、三角形、圆形构成的自由形态，如图 2-73 所示。

图 2-73

# 第三章

# 产品创意设计实践

## ◇ 第一节 产品概念设计

### 一、产品概念设计概述

#### （一）产品概念设计的定义

**1. 产品的定义**

（1）广义上的产品。

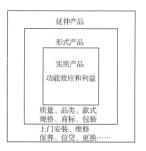

图 3-1

广义上的产品是指为了满足人们某个方面的需求而设计生产的具有一定用途和形态的物质产品和非物质形态的服务的总和。所以，广义上的产品不仅包括具有功能效应和利益的实质产品，还包括具有一定的质量、品类、款式、规格、商标和包装的形式产品，以及提供上门安装、维修、保养、信贷、更换等服务的延伸产品三部分，如图 3-1 所示。

（2）狭义上的产品。

狭义上的产品仅指具有物质功效的使用价值和交换价值的物质产品。

**2. 概念产品**

概念产品是关于产品总体性能、结构、形状、尺寸和系统性特征参数的描述，是根据市场需求和产品定位对产品进行的规划和定位，是形式产品设计的依据，用以验证和评价产品对市场需求的满足程度，以便制定企业所期望的商业目标。

概念产品是对设计目标的全面构想，描绘了设计目标的基本方向和主要内容。

概念产品不是直接用于生产、营销、服务的终端产品，而是企业开拓市场、赢得竞争的工具。它是根据用户需求，通过总体性能、结构、规格、尺寸、形状和技术参数等来表述可预见或可以实现的市场可竞争性、可生产性、经济性、可维护性的产品概念。

产品概念设计是产品创新的核心。产品概念设计是指由分析用户需求到生成概念产品的一系列有序的、可组织的、有目标的设计活动，表现为由模糊到清晰、由粗糙到精细、由抽象到具体不断演进的变化过程。

唯有创新，才能使中国企业走上自强之路；唯有重视设计，才能让中国由"制造大国"走向"制造强国"。

中国工程院院士潘云鹤教授在谈到产品创新时说："创新有两类：第一类创新是原理上的改变，如从无到有的创新——科技发明；第二类创新是在第一类创新的基础上进行的改进，这种改进更符合使用者的行为习惯和个性需求。"在产品设计的过程中，能集中体现这两类创新的工作就是产品概念设计。

产品概念设计包含7个方面的产品创新。

（1）功能创新。它是将需求分析转化为功能设计任务书，并根据市场需求对产品进行功能上的改进或创新的过程。

（2）原理创新。它是按照功能设计说明书，进行产品原理的求取和创新的过程。

（3）形态创新。它是包括各个部件的形状、材料、工艺、表面造型、肌理等在内的产品形态创新的过程。

（4）色彩创新。它是在功能、材料、批量生产、生理、人机工程学等条件的制约下，为设计的形体赋予色彩的过程。

（5）布局创新。它是根据排列方式、配置方式、尺寸比例等要素进行产品布局的过程。

（6）人机工程创新。它主要考虑产品与人、产品与环境的全部联系，全面分析人在系统中的具体作用，明确人与产品的关系，确定人与产品关系中各个部分的特性及人机工程学要求设计的内容。

（7）结构创新。它是包括尺寸、结构、部件之间连接关系在内的产品结构创新的过程。

其中，以功能创新和原理创新为主的产品概念设计往往属于创造性设计，而以布局创新、形态创新、色彩创新、人机工程创新和结构创新为主的产品概念设计属于变形性设计，它们虽然存在一定的相互独立性，但在实际的概念设计过程中相互影响，相互制约。

## （二）产品概念设计的目的

产品概念设计的最终目的是开发新产品，而新产品必须满足用户的需求，这就要求产品概念设计要以用户的需求为重要设计依据。用户的需求分为显性需求和潜在需求，对于用户的显性需求，企业能够通过分析市场调查数据直接获知，进而指导产品概念设计；对于用户的潜在需求，企业则需要产品概念设计小组充分挖掘用户的需求信息，预测用户的期望，并运用科学的方法将新产品开发的投资风险降至最低。

## （三）产品概念设计的特征

### 1. 创新性

创新性是产品概念设计的本质特征，主要表现在 4 个方面：第一，运用全新的设计理念生产概念产品；第二，在市场调查、分析的基础上，对现有产品的功能进行改进或开发新的功能，以满足市场开拓的需求；第三，对现有产品生产中的技术进行改良和突破，提升产品竞争优势；第四，对产品外观进行创新，给用户与众不同的感觉。

### 2. 多维性

产品概念设计是一项复杂的工作，涉及社会需求调查分析、产品设计定位、产品功能定义、概念产品模型样机、生产结构设计等多个环节，在设计创意阶段，不仅要多层次、多维度地反复思考问题，还要从设计对象的特点入手，运用抽象发散思维创造性地解决问题，为产品概念设计奠定基础。

### 3. 综合性

产品概念设计的综合性主要表现在概念、功能、技术 3 个方面的综合上。任何产品的概念都需要综合市场调查、需求分析、同类型产品概念模型比较等多项工作成果，才能做出准确的市场预测。在这种情况下，产品功能会具备一定的综合性，企业需要综合运用成熟的技术生产产品，并赋予产品使用价值。

### 4. 多样性

产品概念设计的对象是概念产品，与一般产品相比，概念产品具备形式多样化的特点，可以是实物，也可以是虚拟的电子模式或其他形式。

## （四）产品概念设计的市场化

完成产品概念设计只是第一步，能不能进行第二步的细节设计、第三步的批量生产制造，能不能投放市场及为开发商或企业带来效益，这都还是未知的。

设计师的概念设计与难以预料的市场需求有着很大的差距，如何缩短这一差距是以往概念设计师的难题。在开发设计的众多产品中，只要一百件产品中有几件能够投放市场见效益就成功了。在追求"百分之几"成功的过程中，如何减少做"分母"的被动，扩大见效益的百分比仍是最关键的问题之一，也是公司管理决策人士和设计师共同努力的方向。

为了更好地接近产品的市场需求，国际上流行一种"故事版情景预言法"的概念设计。这种概念设计就是将所要开发的产品置于一定的人、时、地、事和物中进行观察、预测、想象和情景分析，其形式是以故事版的平面设计表达展示给人们的。于是，产品在设计的开始便多了一分灵气。然而，设计表达在信息时代已是多元化的展示形式了，计算机辅助工业设计的发展，尤其是虚拟现实技术在产品概念设计中的应用，使设计师的设计思路和设计表达如虎添翼。

可以想象，用虚拟的"故事版情景预言法"设计出的产品，让人多了一种直观的、亲切的、交互的感受，这样开发设计的产品与传统的产品相比，大大减少了投放市场的风险性，也为企业决策人寻找商机、判断概念产品能否进一步开发生产，提供了更好的依据。虚拟现实技术能模拟整个产品的开发过程，保证产品开发一次性成功，加快开发进程，甚至使设计师和用户融为一体，设计出满足市场需要的产品。

## （五）产品概念设计案例

可穿戴设备，即直接穿在身上或是整合到用户的衣服或配件中的一种便携式设备，如图3-2和图3-3所示。可穿戴设备不仅是一种硬件设备，还可以通过软件支持、数据交互、云端交互来实现其强大的功能。可穿戴设备将会对我们的生活、感知带来很大的改变，许多人内心深处都渴望拥有更加炫酷的可穿戴设备。

图 3-2

图 3-3

## 二、产品概念设计的方法与流程

### （一）概念设计方法学

概念设计的灵魂在于创新性和人性化，只有以技术美学为根基，将审美和实用性相结合，并且由用户全程参与概念设计、设计师挖掘用户潜在需求并超越用户导向的设计，才是最具创新性的设计，也是最人性化的设计。因此，在概念设计中，研究概念设计创新性和人性化所应遵循的原则、规范、方法等将具有重要的意义。

设计心理学、设计信息学、设计符号学、人机工程学、设计管理学将是概念设计方法学未来几年内所要关注的热点，这些研究将极大地丰富概念设计方法学的理论基础。

### （二）产品概念设计的过程

#### 1. 产品功能的概念化（市场调研——设计定位）

在产品概念设计的前期，设计师应该将产品的功能划分、市场定位、目标客户、价格区间等概念以草图的形式确定下来。产品功能的概念化是设计师在产品概念设计过程中最艰巨的任务之一。

　　产品功能的概念化的实质就是提出问题，即在解决问题之前，首先找出产品存在哪些问题，有什么问题需要在设计中解决，找出构成这些问题的主要因素，提出解决问题的设想和方案，这样才能准确地把握我们将要做的产品概念设计的风格与形式。

### 2. 概念设计的可视化（产品方案设计）

　　概念设计的可视化就是把文字和草图形式的产品概念定义通过图样与样机模型转化为更直观、更容易被普通人所理解的可视化形态，也就是把设计概念具象化地表现出来，使原来"无形"的概念成为"有形"的概念产品。这些概念设计图样或模型可以用于企业各部门在开发过程中的协调与沟通，也可用来征求目标客户和企业内部生产与销售等部门的意见，通过对各部门意见的收集与研讨，最终得到的结论可以作为一个产品设计定型的决策依据。

### 3. 概念设计的商品化（市场化）

　　概念设计的商品化就是把一个富有创意的概念设计转化为真正的商品。在概念设计的前期，人们对创新的期待与需求赋予了设计师自由创作的空间，而在概念设计商品化的过程中，设计师往往不得不对原来的概念产品设计进行一定的修改，把一个概念产品变成一个具有市场竞争力的商品。产品在大批量地生产和销售之前有很多问题需要解决，工业设计师必须与结构设计师、市场销售人员密切配合，对他们提出的一些不切实际的新创意进行修改。当然，对于概念设计中具有可行性的设计成果，工业设计师也要敢于坚持自己的意见，只有这样才能把概念设计中的创新优势充分发挥出来。

## （三）产品概念设计中的创新方法

### 1. 功能联想

　　功能联想即在开发新产品的时候联想到一些老产品已经开发成功的技术和功能，通过联想可以把技术转移至新产品中，并与其他产品联系起来，开发出全新的产品（见图3-4）。联想有接近联想、类似联想、对比联想等。

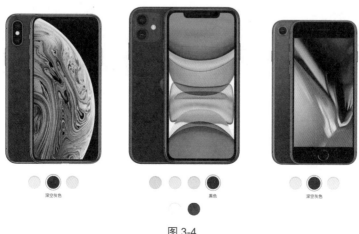

图 3-4

## 2. 逆向思维

逆向思维就是打破原来的思维定式，反常规地逆向思考问题，这样就很容易发现现有产品的不足。实践证明，运用逆向思维产生的发明成果一般都具有较高的创新性，如路走人不动的自动扶梯。

## 3. 扩大与缩小

由于电子技术和材料科学的发展，很多产品可以设计得更加小巧，如可以把卫星定位仪安装到手表上；可以把某些产品放大而产生新的功能，如清扫车、蹦床等。有时只要把产品的局部细节进行放大或缩小，就能达到创新的目的。

## 4. 缺点举例

收集各种产品进入市场后所暴露出来的缺点和问题也是创新的一种途径。只要找到了问题，就可以提出解决问题的方法，然后把经过改进的新产品投入市场。例如手机有被误触、误按的情况，于是人们设计了手机自动锁屏功能；电脑键盘在黑夜使用时打字不便，于是人们设计了背光数字键盘；为了使电脑操作更灵活，于是人们设计了 Touch Bar（见图 3-5），以及触摸屏电脑。

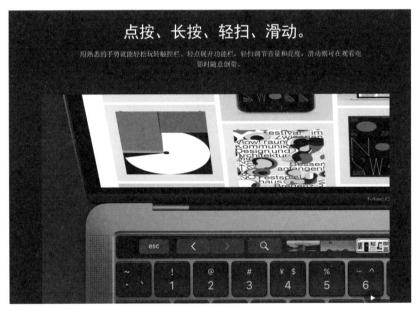

图 3-5

## （四）常见的产品概念设计形式

### 1. 超小型设计

超小型设计是指在保证产品原有功能与技术指标的前提下，尽量缩小各个零部件的体积，并减小间隙。因此，新技术应置于首位来考虑。超小型产品小巧玲珑，深受消费者的喜爱，如图 3-6 所示的煮蛋器。

图 3-6

## 2. 袖珍型设计

袖珍型设计针对的是人在使用时操作频率高的产品。这类产品可以拿在手中操作，放在口袋中带走，因此很受消费者的青睐，如图 3-7 所示的便携式剃须刀。

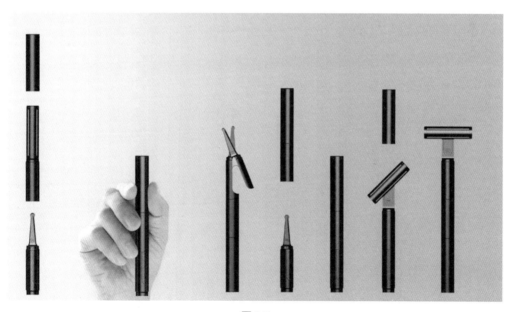

图 3-7

### 3. 便携型设计

便携型设计针对的是那些需要经常改变放置场所的较大型的产品。在设计这类产品时，应在不影响产品使用功能的条件下，尽量使其中的大部件小型化、轻量化，使原先难以经常挪动的产品成为便于携带的产品，如图 3-8 所示的 iPad 迷你版。

### 4. 收纳型设计

收纳型设计主要针对的是那些不常使用的并且往往还带有活动结构的产品。为了便于产品在不使用状态时的整理、收纳、搬运等，这类产品往往被设计成收纳的形式，如图 3-9 所示的梯子、折叠收纳桌。

图 3-8

图 3-9

### 5. 装配式设计

为了在不使用时符合整理、收藏、搬运等的需要，一些大型用具可以设计成装配式的。在不使用时，我们可以直接将它们拆成若干部件，需要时再现场装配，如图 3-10 所示的折叠衣架。

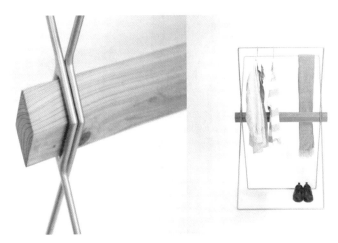

图 3-10　折叠衣架

### 6. 集约化设计

对于大量相同形式或系列化的产品，为整理、收纳时空间的合理利用及搬运的方便，单体都能相互套叠在一起。例如公共场所使用的椅子、凳子，超市的购物篮、购物车，机场的手推行李车，咖啡馆、茶馆用的玻璃器皿等。

### 7. 成套化设计

例如茶具、餐具、化妆品、文具等物品，日常需搭配在一起才能满足生活或工作上某些特定的需要，对这类产品的设计应充分考虑收藏时的方便性。

### 8. 系列化设计

同一系列的产品不仅有相同的标准，还有相互能合理匹配的参数与指标，有较强的统一感，如组合音响装置。因此，在进行这类产品的设计时应注意产品的系列化设计。

## （五）设计流程与实践

由于概念设计阶段需要综合考虑功能创新、原理创新、形状创新、布局创新、结构创新、人机工程创新，其中包含了大量的不确定信息和确定信息，而且概念设计内部的各个环节相互依赖，互为驱动，无法割裂。因此，我们将概念设计阶段分为概念设计第一阶段和概念设计第二阶段。概念设计第一阶段主要解决的是概念形成问题，也称为问题概念化阶段；概念设计第二阶段主要解决的是概念生成和概念可视化问题，也称为概念实体化阶段。基于这种划分，我们可以将更多具有创新性的设计活动放在第一阶段来解决，而将其他有规则性的设计活动放在第二阶段来解决。

此外，概念设计的研究还应注重与设计实践和流程的结合，注重对其他设计阶段集成的研究。例如概念设计与需求分析、详细设计等，实现无缝连接，从而建立起完整的设计方法学理论。

## （六）制作设计计划书的步骤

### 1. 主要构思

确定项目主题，明确任务。例如，以城市为核心设计与领带相关的纪念品和周边，运用领带的元素进行采样及设计。

### 2. 设计计划

（1）前期：招募人才，根据每个人的特长安排合适的位置和任务。

（2）中期：明确设计元素等，根据市场调查进行商讨并修改、完善。

（3）后期：对元素的实体应用，进行实物的制作，留存时间完善模型。

（4）人才团队组建：进行个人项目汇报，并且说明想招募的人员需要具备什么样的能力。

项目设计计划书如表 3-1 所示。

表 3-1

_____项目设计计划书

| 项目步骤 | 时间/任务 | 11.5-6 | 11.12-13 | 11.19-20 | 11.26-27 | 12.3-4 | 12.10-11 | 12.17-18 | 12.24-25 | 项目成员 |
|---|---|---|---|---|---|---|---|---|---|---|
| 1 | 明确任务 制定计划 | | | | | | | | | 负责人： |
| 2 | 市场调研 明确方向 | | | | | | | | | 负责人： |
| 3 | 设计定位 提炼设计元素 | | | | | | | | | 负责人： |
| 4 | 创意构思 设计表现 | | | | | | | | | 负责人： |
| 5 | 概念设计 明确方案 | | | | | | | | | 负责人： |
| 6 | 手板制作 模型修改 | | | | | | | | | 负责人： |
| 7 | 版面设计 陈述要点 | | | | | | | | | 负责人： |
| 8 | 方案评估 | | | | | | | | | 负责人： |

# 三、产品概念设计优秀案例赏析

## 1. 以人为本的概念产品设计

图 3-11 所示的耳机、音箱两用设计为用户提供了更多的可能性，这种人性化的设计可以让生活更加便捷。

扫一扫

图 3-11

## 2. 技术应用的概念产品设计

相同的技术可以应用于不同的领域或产品中，从而实现产品创新，如图 3-12 所示。

图 3-12

## 3. 环保可持续理念的概念产品设计

概念产品设计需要传达环保可持续的设计理念，如图 3-13 所示的笔架设计。这种设计以森林为原型，加入动物元素，在铅笔的取用过程中，仿佛森林也越来越稀疏，呼吁我们节约资源，保护森林。

图 3-13

## 4. 公益、环保、可持续理念的概念产品设计

未来的产品设计一定是环保的和可持续的，如图 3-14 所示的沙漠植物生长器。

图 3-14

## 5. 技术应用与以人为本二者合一的概念产品设计

图 3-15 所示的厨房无接触式计时器，符合人的感知和使用需求，可以让人们的生活更加便捷。

图 3-15

# ◇ 第二节　家居日用品创意设计与实训

经济和社会的发展，科技的不断革新，使设计形式出现了多样化的发展，也让人们对美好生活的向往有了实现的可能。对于产品的使用，人们不再只是停留在能用的阶段，而是开始追求使用产品的情感体验。家居日用品作为与人们生活密切相关的产品，其设计形式正逐渐丰富。好的家居日用品设计不仅可以很好地实现其功能特征，还可以使人们精神愉悦，让人们体验到家的归属感。

扫一扫

## 一、家居日用品的概念和分类

家居日用品是指可以满足人们在共同场所内生活所需要的日常用品的总和，包括家具、电器、室内摆件等。家居日用品创意设计是针对一定的空间环境，以满足人们某种物质和精神功能需求为目的，并以人为核心的日用品的创新性设计。

全球化的工业分类公司——Thomson Reuters Business Classification（TRBC，汤森路透商业分类）将家居日用品归为周期性消费产品，并将其分为消费类电子产品，家电、工具和居家日用品，家具三类。

### 1. 消费类电子产品

消费类电子产品是指日常使用的电子设备，主要应用于通信、娱乐和办公方面，手机、计算机、电视机等都属于这类范畴。近年来，随着科技和新材料的发展，智能家居产品和基于虚拟现实技术的可穿戴式产品也逐渐走入了人们的生活中，如图 3-16 所示的华为智能音箱和图 3-17 所示的 VR 眼镜与手柄。

图 3-16                                                   图 3-17

## 2. 家电、工具和居家日用品

家电、工具和居家日用品主要是指家用电器、家用工具和居家日用品。家用电器是指在家庭及类似场所中使用的各种电器和电子产品。目前，对于家用电器还没有形成统一的分类方法，但从功能和用途来看，家用电器包括厨房家用电器、清洁电器、制冷取暖电器、可供娱乐的电器等。随着科学技术的发展，家用电器逐渐往智能化、交互性的方向发展。

家用工具是指在家庭及类似场所中使用的具有组装、维修、固定等功能的器具。近年来，家用工具的设计也具有了趣味性和便携性。

《现代汉语词典》中关于日用品的解释为："日常应用的物品，如毛巾、肥皂、暖水瓶等。"居家日用品是指在家庭或类似场所中经常使用的产品，如餐具、厨具、洗漱用品、清洁用品、床上用品等。随着人们生活质量的提高，这些产品的设计形式越来越丰富多样，不仅极大地满足了人们的日常使用需求，而且很好地提升了人们的使用体验。

## 3. 家具

家具是指能够支持人们活动且能满足人们某种特定物质需求的器具，它既可以移动，也可以固定；既可以应用在家庭环境中，也可以应用在公共场所或室外空间中。家具与人们的生活密切相关，家具设计的不同风格会影响人们的直观感受，所营造的氛围也不同，如图 3-18 和图 3-19 所示。

图 3-18                                                   图 3-19

## 二、家居日用品的创意设计方法

### （一）家居日用品的设计要素

《代尔夫特设计指南》中指出：对于一款产品的设计，就是将特定的功能赋予恰当的几何形态与物理、化学特征，以此来满足预期的需求。由此可见，家居日用品的设计要素不仅包含物质功能，还包含精神功能。总体来讲，家居日用品的设计要素主要分为四大类：形态、材质、色彩、功能。

#### 1. 形态

形态包含两个层面的含义："形"与"态"。"形"是指事物外在的表现形状，如几何图形、有机图形、自然图形、人工图形等；"态"是指视知觉在"形"的基础上经过加工、整合之后传递出的富有内涵的东西。"形"与"态"两者相辅相成，不可分割。

家居日用品的形态可以概括为两种：具象形态和抽象形态。

具象形态是以自然界存在的物体为基本体，对其进行模仿或元素提取，进行变化而形成的形态，是在家居日用品的设计中应用比较多的设计手法，如图 3-20 所示。

抽象形态是以点、线、面、体为基本构成元素，结合特定的美学规律而形成的形态。这类形态往往能使人们产生比较丰富的联想，如图 3-21 所示。

图 3-20

图 3-21

#### 2. 材质

材质包含材料和质感，它是家居日用品存在的物质基础。不同的材料可以呈现不同的表面肌理与材质温度，同样，不同材质的加工工艺和表面处理工艺也不尽相同。家居日用品的材料有天然材料，如木材、竹材、石材等；也有人工合成材料，如塑料、玻璃、钢铁等。这些材料需要根据人们的使用环境、使用功能及使用体验来进行合理的选择。在家居日用品的材质设计中应充分调动人们的感官，利用视觉、嗅觉、触觉、听觉甚至味觉对产品进行合理的安排。

### 3.色彩

色彩是家居日用品最重要的特征之一，也是能够最先吸引人们注意力的一种要素。色彩具有轻重、冷暖的特性，恰当的色彩运用可以给予用户不同的视觉感受和心理感受，为营造更温馨的家庭氛围起到较好的作用。在家居日用品的色彩设计中，要注意产品的色彩与环境的色彩相协调；要考虑使用环境和使用心理对色彩的影响；要把握产品的主要色调（一个产品的配色不宜过多，掌握主色和配色的区别和联系）；要避免产品色彩的单调，处理好色彩的对比与统一的关系；同时还要注意色彩使用的民族禁忌，考虑色彩的区域和民族特点。

### 4.功能

家居日用品的功能是其存在的必要条件，功能即人们通过使用该产品能够满足他们什么样的特定需求。家居日用品的功能按照不同的分类标准可以有以下几种分类方式：从用户的需求出发其功能可以分为必要功能和次要功能；从功能的内容划分可以分为物质功能和精神功能；从功能的重要程度来划分可以分为基本功能和辅助功能。其中，家居日用品的物质功能主要是指产品具备的功效，即产品的核心功能；精神功能主要是指产品的象征意义和审美意义，即从产品的外形传递出的含义，以及唤起的人们对美的欣赏和感受、对美好事物的追求。实现核心功能并协调主要功能和次要功能的关系是家居日用品功能设计的基本原则。

## （二）家居日用品的设计方法

如果将好的创意赋予家居日用品，那么家居日用品的设计会熠熠生辉、与众不同。然而，好的创意并不是凭空而来的，而是对文化、对设计方法由量变到质变的一个认识过程。家居日用品的创意设计方法有很多种，本章着重介绍基于传统文化的家居日用品的创意设计方法。

中国传统文化内容多样，形式丰富多彩，本章主要从传统图案纹样的应用、结构形态的应用和叙事性设计3个方面介绍家居日用品的设计方法。

### 1.传统图案纹样的应用

中华文化源远流长，中华文化中的传统图案纹样是千百年来中华文化思想的结晶，是中华民族文化的积淀，它的独特性是中华民族文化区别于其他文化的关键所在。

传统图案纹样在家居日用品中的应用可以分为3个步骤。第一，也是关键的一个步骤，将中国传统图案纹样与家居日用品进行信息匹配，也就是建立两者之间的联系，让传统图案纹样很自然地运用到特定的家居日用品设计中。这个联系可以是视觉上的联系，也可以是结构上的联系。如果不寻找或不建立两者之间的联系，那么设计往往会出现生搬硬套的情况。第二，对中国传统图案纹样进行原始应用或对其进行改变。在对中国传统图案纹样的改变中，经常会对原始图案进行简化，提取其最具特色的部分，并对该部分进行变形或重构。第三，将原始图案纹样，以及变形或重构后的图案纹样与家居日用品的外观、功能、结构进行合理的结合，这种结合并不是简单地在产品外表上进行贴图，而是将传统图案纹样元素融入产品设计中。中国传统图案纹样的应用过程如图3-22所示。

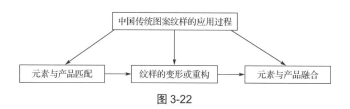

图 3-22

图 3-23 是基于温州畲族中的"畲"字进行的家居日用品创意设计，该创意设计的对象是一款熏香炉。首先，在设计之前建立"畲"字与熏香炉之间的关系，"畲"字的结构匀称、饱满，其字形与熏香炉的形状相似，此外，"畲"字还可以与熏香炉的结构相契合；其次，将"畲"字的字形简化；最后，将其与熏香炉相融合。熏香炉的整体造型像是一个"畲"字的轮廓，同时内部被挖空后可以放置熏香，其整体设计具有比较浓烈的地域文化气息。

图 3-23

### 2. 结构形态的应用

千百年来，我国劳动人民用智慧创造出飞檐反宇的建筑、结构精巧的器具、精细的家具等，这些作为中华民族优秀文化的结晶，在现在看来依然有其很好的参考价值和学习价值。古代的建筑、器具、家具等都是当时政治、经济、科技发展的产物，反映了当时人们的物质生活和精神生活，所以，现代设计对这些事物的应用不能仅进行形式的照抄照搬，而是应当反映当代人的物质生活水平和精神状况。因此，对于传统事物的应用，除了对其图案纹样进行运用，还可以对其结构形态进行运用。

在运用传统事物结构的过程中，首先，应对其特定的事物结构进行分析，找出主要的结构特点；其次，还应与家居日用品的产品种类进行结构或功能上的匹配；最后，再将两者融合在一起进行设计。拉脱维亚设计师 Stanislav Katz 设计的折扇时钟就是一个典型的运用传统事物结构的产品案例，如图 3-24 所示。众所周知，折扇是非常具有中华民族特色的器物，与人们的生活密切相关。设计师 Stanislav Katz 根据中国折扇的结构对时钟的结构进行了改变，将折扇折叠、展开的结构形式运用到时针与分针的运动形态中，使时钟呈现了一个新的形式。

图 3-24

在图 3-24 所示的折扇时钟中，折扇的两根边骨被时针和分针所代替，随着时间的流逝，时针和分针组成的扇子不断地展开与合上。

图 3-25 是一个折叠衣架的设计方案说明，该方案将温州刘氏风筝的结构与衣架的结构进行了适当的匹配，并通过对风筝结构的提取及简化，将其运用到衣架结构的设计中。

### 3. 叙事性设计

中国有很多传说和经典故事，它们是中国优秀文化的重要组成部分。在进行家居日用品的创意设计时，我们可以采用叙事性设计的手法对这些传说和经典故事进行传承与发展。叙事性设计将人、物、环境融合在一起，尤其重视设计与文化的关系，它将语言转化为产品的具体形态，通过人、产品、使

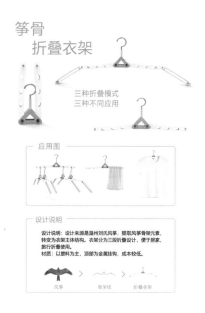

图 3-25

用环境的共同作用的过程来传递文化情感，同时创造文化体验。

图 3-26 所示是一个对小夜灯的设计案例。该设计运用八角楼灯光的故事，提取了八角楼天窗的形态，将其作为产品的外形，此外，将八角楼八角形堆叠的形态特征和时间表刚好结合，在结构上实现了折叠，在功能上实现了投影时间，同时该产品的造型也暗含了八角楼的历史纪念意义。

图 3-27 所示为一个家用壁灯的设计案例。产品造型创意来源于江西瑞金的一个真实故事《毛主席给我开天窗》。该设计通过壁灯的造型和结构来传达故事的内容。倾斜的灯罩就像当初的玻璃瓦，壁灯通过结构上的伸缩来实现灯光的调节，设计师通过现代居室环境下对壁灯的使用方式来传达故事。

图 3-26

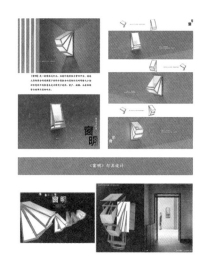

图 3-27

# ◇ 第三节　金属工艺品创意设计与实训

## 一、金属工艺品专题设计（一）

### （一）金属工艺品的基本概念

#### 1.金属工艺品的概念

金属工艺品是指用金、银、铜、铁、锡等金属材料，或以金属材料为主，辅以其他材料，加工制

作而成的工艺品，如图 3-28 所示。金属工艺品具有厚重、雄浑、华贵、典雅、精细的风格，主要产于北京市、上海市、江苏省、四川省、云南省、浙江省、山东省等地。

图 3-28

### 2. 金属工艺品的分类

我国的金属工艺品按材料可以分为金器、银器、铜器（包括仿古铜、斑铜等）、锡器、铁画等；按用途可以分为实用工艺品、陈列品和首饰 3 类，如图 3-29 所示。

图 3-29

实用工艺品包括瓶、盘、炉、火锅、铜壶、银餐具、锡酒具、茶具等，还有宗教佛事用品如钟、磬、炉、铃等，如图 3-30 所示。这类实用工艺品一般都经过铸、锻、刻、镂、焊、嵌等工艺，具有类似浮雕的装饰，不同于一般日用品。

图 3-30

陈列品有屏风、壁饰、摆件、车饰、马饰、轿饰，以及各种仿古品，如图 3-31 所示。
首饰有头簪、戒指、手镯、项链、耳环、领带夹、袖扣、胸花、领花等。此外，还有实用与装饰相结合的金属工艺品，如手杖、宝剑、钟表、自来水笔等，如图 3-32 所示。

图 3-31

图 3-32

### 3. 金属工艺品的发展

　　我国最早的金属工艺品是新石器中期的马家窑文化、大汶口文化及稍晚的乔家文化等遗址中出土的铜制工艺品。商代出现了金制工艺品。战国时期，有了不同金属材料、金属与非金属材料（如玉石、琉璃）结合制作而成的工艺品。汉代能生产精巧的金银丝编结、堆垒和镶嵌制品。唐代是金属工艺品尤其是银制工艺品的鼎盛时期，出现了浮雕般艺术效果的金银錾凿工艺。在宋、元、明、清时期，由于冶炼技术的进步，金属材料的增多，金属工艺品有了很大的发展，不仅有多种金属和多种材料并用的工艺品，还有多种工艺相结合的工艺品。我国古代著名的金属工艺品有商代的青铜器、战国的金银错、唐代的铜镜和首饰、明代的宣德炉、清代的景泰蓝等（见图 3-33）。

图 3-33

图 3-33（续）

金属工艺品的制作在 20 世纪 50 年代以前基本上都是手工完成的，50 年代中期以后，随着工业的进步和发展，部分辅助性工序已逐步实现机械化，但那些决定产品艺术质量的关键工艺如填嵌、錾刻、黏接等仍然是手工完成的。20 世纪 70～80 年代，出现了铅合金、钛、铂等金属工艺品，并创新了腐蚀填漆、钛阴极氧化着色及负氧离子镀等新工艺（见图 3-34）。现代人们采用三维激光切割机，它能够进行平面、曲面的二维、三维切割，可切割的不锈钢厚度为 0.05～2mm，可用于切割不锈钢材质的工艺品、装饰品、餐具、果盘、医疗器械等。

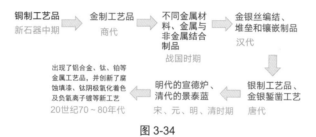

图 3-34

# （二）手工金属工艺品的工艺流程

## 1. 实训要求

（1）请学生各自携带速写板、彩铅、水笔等材料。

（2）掌握手工金属工艺品制作的基本工艺，会进行简单的手工金属工艺品的制作。

（3）要求独立完成实验，并认真撰写报告。

## 2. 具体流程及工艺方法

具体流程及工艺方法如图 3-35 所示。

图 3-35

工具：锯弓和锯条、各式锉子、镊子、锤子、焊接台等。

设备：压片压丝机、拔丝机、火枪等。

（1）化料：这是手工制作的第一步，虽然比较简单，但也需要经过多次尝试才能较好地掌握火候的大小、浇铸速度、计算油槽的最大容量等技术问题。

化料包括选料、重量估算、熔金、浇铸、清洗等几个阶段。

思考：我们在制作过程中会因为不同的设计需求用到不同厚度的金属片，如何才能根据自己的意愿来决定金属片的厚薄呢？

（2）压片：压片可以用压片机进行碾轧，得到想要的厚度。

注意：压片机只会让金属片越变越薄，所以，大家对自己想要的厚度要有所掌握，如果金属片过于单薄，那么只能重新化料和碾轧。

（3）镂刻：镂刻属于平面裁切工艺，通过镂刻我们能够获得图样的正形和负形，也就是实形与虚形。镂刻的工具一般为锯弓、锯条，尺寸均较小，锯条较细，适合加工制作小体积物件。

注意：要根据金属的厚薄选择粗细不同的锯条，否则锯条容易断裂，镂刻流程如图 3-36所示，锯切注意点如图 3-37 所示。

图 3-36

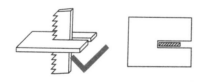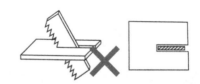

正确—锯条垂直于金属片　　　　　　　　　错误—锯条倾斜于金属片

图 3-37

任务：设计一件简单的金属工艺品摆件，并画出设计图，再根据设计图进行铜片的裁切。

（4）焊接：焊接是一种连接金属的过程，在手工制作过程中，焊接是最困难的。在焊接的过程中，放置在金属之间的焊药被烧灼熔化，形成熔融区域，待冷却凝固后便实现了金属材料之间的连接。

焊药是一种合金，其熔点往往比高纯度的金属低，所以受热后的焊药会率先熔化流进缝隙。

焊接点位：点对点，线对线，线与点，面与面等。焊药可以自己制作，也可以购买。

焊接步骤如下：

①裁切好两块金属片，准备焊接。接口处一定要锉平整，这样才能紧密贴合，达到牢固焊接的目的；②用镊子夹住一块金属片，让其垂直于另一块金属片并保持不动，如图 3-38所示。

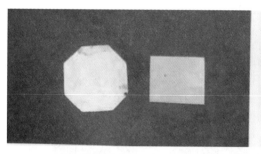

图 3-38

③在金属片的接缝处涂抹硼砂焊剂，再把焊药剪成小片放在缝隙间，焊药要同时接触两块金属片；④先用软火加热，使焊剂慢慢膨胀，如图 3-39 所示。

图 3-39

⑤加大火力，继续加热，来回移动，使两块金属片同时受热，当达到焊药熔点时，焊药发亮进而熔化，流进缝隙中；⑥此时需要用焰炬引导焊药流进焊缝中，因为焊药总是流向高温点，所以来回移动火焰，能够让焊药均匀进入焊缝；⑦最后，用焰炬灼烧整个焊缝，检查焊缝是否被塞满，完成焊接，如图 3-40 所示。

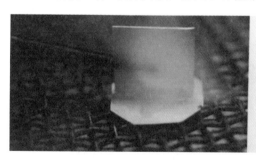

图 3-40

（5）打磨与抛光：这个步骤属于手工金属制作的精修工艺过程，其作用就是去除产品表面不需要保留的印痕，包括其他加工过程中留下的痕迹。去除这些痕迹后，再把金属表面抛光，使其产生光泽。

打磨需要用到各种锉子、吊机、机针、砂纸等工具（见图 3-41）。除了手工抛光，还可借助磁力抛光机、滚筒抛光机、布轮抛光机、飞碟机等。

手工抛光需要熟悉各种锉修工具，要能根据不同的锉修要求选择相应的工具。

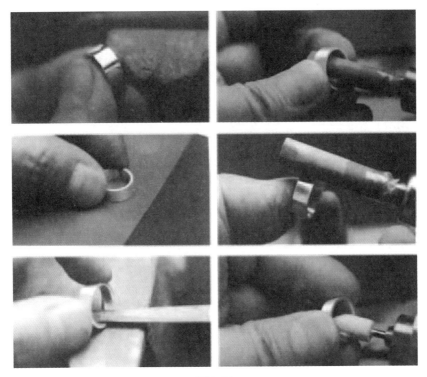

图 3-41

（6）表面处理：表面处理的手段大致可以分为 3 种。

一种是可以通过外力（物理的），如锻造、锤揲、錾刻、模印、压印、碾轧、揉皱、铸造、刮擦、切削、喷砂等手段来制造肌理；一种是通过化学手段，如腐蚀、烧皱、电镀等手段来制造肌理；还有一种是在金属表面添加额外的材料，使添加的材料与原金属融为一体，从而形成某种肌理（见图 3-42）。

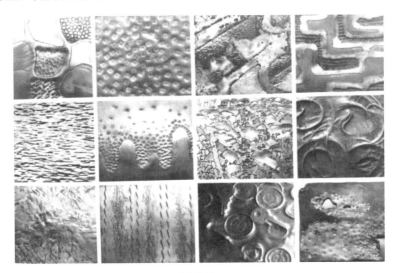

图 3-42

　　针对不同的金属表面肌理制作手段，分别有相应的工具和设备与之对应。常规的工具有各式金属锤子、錾子、铣刀、模具、雕刻刀、机针、化学药品等；常规的设备有吊机、火枪、镀金机、喷砂机、车铣床、压片机、车花机、刻字笔等。

　　1）利用外力改变金属表面

　　（1）碾轧工艺，如图 3-43 所示。

图 3-43

　　（2）模印。模印就是通过模具把纹理转印到金属片上去的方法。模具分为现成模具和自制模具两种，所谓现成模具就是生活当中的一些小用具，如钥匙、钱币、纽扣、树叶、钉子、绳子、金属丝等（见图 3-44）；自制模具就是根据特殊需要制作而成的模型，如经过腐蚀的金属片、錾刻而成的浅浮雕等（见图 3-45）。

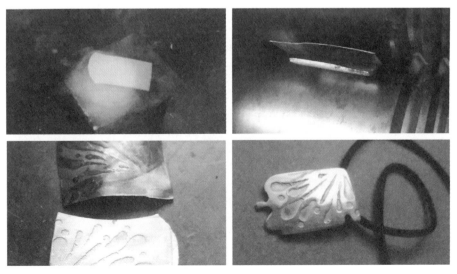

图 3-44

图 3-45

2）利用化学方法改变金属表面

（1）腐蚀法。腐蚀法需要使用化学药品，这些化学药品一般都带有强腐蚀性，使操作具有一定的危险性，所以应用腐蚀法时一定要做好防范措施，并按相关安全使用规则行事（见图 3-46）。

（2）烧皱法。烧皱法的原理在于退火与酸洗的过程中，标准银片的表层堆积了薄薄一层还原后的纯银分子，造成金属的表层与内部纯度与熔点的不同，使得凝结不同步，形成表面皱纹。烧皱法只需借助火枪就可操作，故而不具备危险性（见图 3-47）。

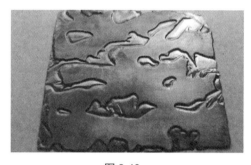

图 3-46

图 3-47

3）添加材料改变金属表面

熔融。熔融添加的材料一般为金属，只有金属才能熔接在一起。熔接时一定要着重考虑各金属不同的熔点，密切关注金属的熔化状态，以免添加的金属彻底熔化导致熔接失败（见图 3-48）。

图 3-48

4）特殊技法

（1）水凝法。水凝法是指将金属熔化后快速倒入水中而形成的类似破水泡的肌理效果，如图 3-49 所示。

（2）沙粒肌理金属熔化后覆盖在不同材质的表面会形成相应的肌理效果。沙粒可以承受金属液体的高温灼烧，而粗细不同的沙粒又能形成不同的金属表面效果，沙粒肌理如图 3-50 所示。

图 3-49　　　　　　　　　　　　　　图 3-50

3. 任务及实训结果

任务：选择一种或几种表面处理方法对铜片进行操作，形成特色的表面肌理。

实训结果：

（1）手工金属小摆件的照片（3～5 张包含制作过程中的照片、成品图）及作品名称、设计说明，置于 Word 中。

（2）实物作品展览。

金属工艺种类较多，也较为复杂，学生了解并掌握这些内容会有一些困难，所以，这部分内容需要学生多进行实训操作，反复练习，以达到熟悉工艺、熟练操作的目的。

# 二、金属工艺品专题设计（二）

## （一）金属工艺品摆件设计案例赏析及设计方法

### 1. 金属工艺品摆件赏析

（1）上山虎香台（见图 3-51）。该香台取自汉代的虎符造型，加以现代化的因素进行提炼，显得更简约了。香灰记录了老虎上山的过程，就像每个人的人生轨迹，有笔直的，有曲折的，代表了我们人生中各种美好的或不如意的过程。

（2）福如东海（见图 3-52）。该工艺品的材质为铸铁、铜鎏金。用途为香台、摆件（装饰）、礼品。以海浪为原型，用重复、抽象元素的设计原则，结合中华传统文化寓意，进行了香台、摆件设计。

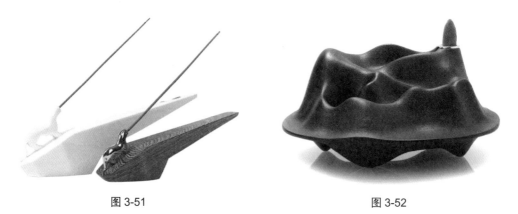

图 3-51                                                    图 3-52

（3）江南（见图 3-53）。该工艺品的材质为铜。用途为香台、摆件（装饰）、礼品。以江南水乡白墙黑瓦的独特古镇建筑风格为设计元素，将其进行简化，应用到了香台设计中。

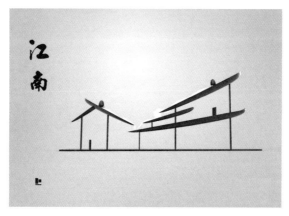

图 3-53

## 2. 案例分析小练习

提醒学生从造型、内涵、材质、色彩等方面进行分析。

（1）案例 1，小鸟摆件（见图 3-54）。

图 3-54

（2）案例2，麋鹿摆件（见图3-55）。

图 3-55

## （二）金属摆件工艺品设计的基本原则与步骤

（1）基本原则。

①作为金属摆件，不需要考虑太多使用方式及人机交互等方面的实用性问题，但是，整体结构要稳固。

②要注意选材，并了解制作工艺，能够通过材质与工艺去表现摆件的设计创意与内涵。

③一定要美观，颜值是摆件设计的首要要求。

（2）设计步骤。

分析主题→搜集、整理、分析设计素材→提取素材中的设计元素→进行设计构思并应用于设计→绘制设计草图，确定整体造型、结构、大小→进一步考虑材质与工艺→绘制设计效果图。

（3）金属工艺品摆件设计训练 题目：以"自然"为主题设计一款金属摆件工艺品，最终以手绘效果图呈现。

# ◇　第四节　饰品类产品创意设计与实训

## 一、饰品造型元素

饰品造型是指一件饰品所呈现的外部形状和内部形态的总称。在饰品设计中，造型决定着一件饰品绝大部分的视觉冲击力，并且能够以比较显著的方式影响人们对饰品的理解和感觉。因此，为了有效地设计，必须先了解饰品造型的基本元素——点、线、面、体的应用特点。

扫一扫

在饰品设计中，点、线、面、体有着不同于一般几何意义上的使用方式，它们是饰品造型的基本元素。正是由于点、线、面、体等几何元素在设计中的多种运用，才使饰品呈现或复杂或简单的不同造型特点。

## （一）点

在整体空间被认为具有凝聚性而成为最小的视觉单位时，都可以称为点。饰品设计中的点，不但有大小、形状、厚度之别，同时还具有生命的意义，能传达一定的精神内容。

图 3-56

单粒的宝石在某种程度上可以理解为点，如小钻和珍珠，它们都具有有点的特质，简洁而纯粹，另外，点造线、点造面的能力也比较强。设计师可以利用小圆点、方钻、梯形钻、马眼钻、圆形珍珠、水滴形珍珠等，营造出豪华、亮丽的饰品。点元素在一定的排列组合下可以使饰品在视觉上呈现疏密、曲线、直线、面的效果。

"点"在饰品设计中既可以是众星捧月的视觉中心点，也可以是形体中的装饰点，甚至密集成线，成为面体之上的装饰点，它们往往和线、面、体的构成相结合，共同产生效果，如图 3-56 所示。

## （二）线

线是点移动的轨迹，是饰品设计造型的基本要素。单纯的线能够描述物象的轮廓，交代物体的外形特征。线的粗细、曲直、倾斜、起伏等可以体现亦动亦静的状态，或者表露某种感情。

在饰品设计的实际应用中，"线"有时穿插于形体，有时决定饰品形体骨架，有时则密集成面或成为装饰于面、体之上的装饰线。

直线象征着冷静、刻板、稳定；曲线则代表了动感、不安；弧形曲线则会给人以柔美感。曲线和直线的粗细、交叉、平行、起伏等，都可以表露设计师的情感。图 3-57 所示就是使用线的组合来表现物体外形的饰品范例，这样的饰品会比整个面化造型的饰品看起来更轻巧、美观。

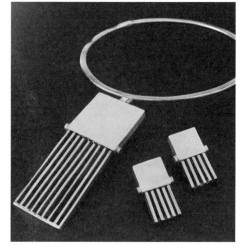

图 3-57

## （三）面

几何面主要是指圆形、方形、椭圆形、三角形、梯形、菱形等，它们多呈现单纯、简洁、明快的视觉特点，但略显严肃与机械。非几何面则形态多样，没有固定的规律，呈现自由、生动、跳跃的视觉特征，情感丰富，但略显复杂。在饰品设计中，要充分使用点、线、面这3个元素做造型，突出形式美，要灵活运用立体构成中的对比、特异、重复、渐变、发射等方法进行构思，在视觉上形成节奏的变化，突出韵律美，另外还要统筹兼顾色彩、肌理、纹样等多方面，使这个三维饰品层次更丰富，如图3-58所示。

图 3-58

## （四）体

图 3-59

几何学中的体是面移动的轨迹，在饰品设计中，"面"稍做挤压就可以形成独特的首饰形体，将不同的面叠加、穿插也可以形成一个形体。造型学中体块是最具立体感、空间感、力量感的实体，可以体现出封闭性、重量感、稳重感与力度感，突显正形的优势。在利用体块进行饰品设计时，要充分利用体块的特性来表现作品的内涵，如图3-59所示。

## （五）点、线、面、体结合

在饰品设计过程中，点、线、面、体等几何元素的综合运用可以使首饰呈现或复杂或简单的不同造型特点，以及形成风格新奇独特的首饰造型，如图3-60所示。

图 3-60

## 二、饰品的色彩元素

在饰品中，色彩是一种特殊的视觉信息，能够在瞬间吸引人们的注意力。不仅如此，饰品的色彩还具有强烈的心理与情感倾向，不同饰品的色彩会使人产生不同的联想和感受。

因此，作为饰品设计要素之一的色彩，便成为具有吸引力的设计手段和无可替代的情感表达方式。

饰品的色彩是设计师表情达意的抽象表现，在饰品中具有极其深奥的象征意义。色彩作为人类精神的载体，与人的心灵存在着一定的呼应，饰品的色彩表现的不仅仅是其外部的样式，通过对其色彩的认知，人们更能体会设计师的内心及其对饰品、对世界的理解和表达。

与纯粹的色彩不同的是，饰品的色彩除了包括饰品材质的基本色彩，还包括饰品表面色彩和光泽在不同加工工艺过程中发生的变化。

饰品的色彩主要受其材质固有色彩的影响，所以将饰品色彩的种类按照其材料划分，可分为金属材料的色彩、宝玉石材料的色彩，以及其他材料的色彩。

1）金属材料的色彩

就金属材料的色彩而言，在饰品设计中应用较多的是黄色金属和白色金属。

2）宝玉石材料的色彩

宝玉石材料的色彩分为无机宝石材料的色彩和有机宝石材料的色彩。宝玉石材料色彩缤纷，如呈红色的红宝石、珊瑚、玛瑙，呈绿色的祖母绿翡翠，呈蓝色的蓝宝石、青金石等。天然宝石饰品如图 3-61 所示。

图 3-61

3）其他材料的色彩

随着流行饰品的发展，以往并不被传统饰品所采用的一些材料，如陶瓷、漆器、珐琅、木材、毛线、布织物、羽毛、皮革、硬纸等，开始被广泛应用，材料的色彩越来越丰富了。

## 三、饰品的材料元素

材料是创意饰品设计的主要元素。材料从大的方向上看有很多相似的地方，但在细微之处又会给人不同的感受，使人们对相近的材料有着不同的理解。不同质感的材料，反映出来的特点不同：有的柔软，有的坚硬；有的粗糙，有的细腻；有的张扬，有的含蓄；有的现代，有的传统；有的鲜活，有的陈腐。在不同的环境下，材料内涵和美学价值不同，表达的方式不同，给人的感受也不同。对材料与饰品关系的探索是一个充满诱惑又永无止境的话题。在饰品设计发展的进程中，材料在各个历史时期都有不同程度的创新与突破，很多经验值得我们借鉴。

### （一）材料在创意饰品设计中的地位

材料作为创意饰品设计的载体，本身具有个性特征和形式美感。在创意饰品设计中，材料与造型互为依存，相互衬托，互相升华，反映着人们的物质生活、精神状态和生活品质。

现代时尚创意饰品的材料设计，在传达时尚视觉效果的同时，也能带给人们某种内心感触，这得益于饰品材料适用范围的拓宽。从创意饰品设计的角度来讲，简单的材料运用和装饰已经不能满足现在人们的各种需求，如今饰品的选材已经脱离了过去陈旧的观念，除单一的贵重金属、珠宝材料以外，创意饰品材料已经延伸到多元化的综合性材料的范围。设计的关注点也将从单纯的视觉感受延伸到其他感官的共同参与，身体的各种感官将与设计形成互动。材料作为创意饰品的载体，其本身的特征与形式美感给饰品设计提供了广阔的表现空间。质感、肌理、颜色、加工工艺及象征意义各不相同的材料都会给人带来不同的感受，并与人产生互动。以往的首饰设计关注的主要是饰品的造型、外观，容易忽略材料的创新和变革对首饰设计的作用，现代时尚创意饰品设计的创新则更多地体现在材料创新构思上，设计师更注重对各种材料的选择，选材范围的扩大使不同材料的创意构思逐渐成为现代创意饰品设计中的一个重要元素。优秀的饰品设计作品不在乎材料的贵重，而在乎材料与设计理念的结合是否贴切（见图3-62）。

图 3-62

材料的变化与创新作为创意饰品设计的一种特殊载体，赋予了现代创意饰品设计新的魅力。在饰品设计的整个发展过程中，材料的应用与创新一直起着推动作用，材料的特性、肌理、颜色及象征意义直接影响着首饰的设计理念表达。

## （二）饰品材料的演变

人类佩戴珠宝首饰已经有很长的历史了，人类爱美的天性促成了首饰的诞生。远古人类把野果、树叶、骨骼、牙齿等用绳子编织在一起挂在脖子上，可以说这些就是首饰最原始的材料。经过几千年的历史演变，首饰的材料也在不断地发生改变。随着科技的发展，首饰的材料更是焕发出新的生机。

黄金、银、珍珠、宝石等传统首饰用材是人类沿用了几千年的材料。社会进入后工业社会，社会生产力的发展从根本上决定着艺术产业的发展和演变。现在社会追求高效率、低效能、最大经济效益的生产理念，这种理念也同样适用于设计行业，于是新结构材料、功能材料及新材料技术应运而生。新型创意饰品材料的出现，也为设计师带来了更多的创造灵感。不断创新的材料，再结合创意饰品设计的人文理念，使更多造型的饰品诞生出来，推动着饰品产业向前发展，同时也印证了人类社会的不断进步。一种新材料的发现或原有材料得到新的应用，往往能引起艺术与设计的变革，从而产生新的艺术风潮。

从传统材料到新科技时代对于新材料、新工艺的不断开发，创意饰品材料的演变使创意饰品设计的不断创新有了新的可能。新材料有新的功能、新的视觉效果，运用新材料进行艺术创作，必须通过新的观念、新的表现手法来创造艺术形象，以求达到新的艺术效果。今天，随着人们生活习惯、生活方式的改变，人们的审美眼光也发生了巨大的变化。而饰品则日渐成为一种文化的载体，促进了人与人之间更好地沟通，成了人们体现个性、彰显个人品位的象征。

纤维织物与金属制品结合而成的饰品如图 3-63 所示。

图 3-63

### （三）饰品材料多样化趋势

从首饰材料到首饰艺术的演变是一个艰苦的过程，尤其是在要求饰品较深层次地体现特定的风格理念时，对空间多层次的研究、追求多维性视觉形象创造、对材料质感肌理的探索就十分重要。当今的时尚以简约为主导核心，由此我们可以看到首饰材料的艺术魅力和其不可忽视的重要性。

生活中的材料多种多样，每一种材料都具有其特性与美感。除了贵金属与贵重珠宝材料，还有许多其他的材料可以运用到饰品设计中（见图3-64）。贵金属与贵重珠宝材料的缺点在于这些材料都非常昂贵且不可再生，大量开采这些材料会对生态造成破坏，而且贵金属的延展性和可塑性具有局限性。随着人们物质生活水平的提高，饰品已经不再是身份地位的象征，人们也不只单一拥有一件饰品，而是拥有很多款不同材质与造型的创意饰品。所以，创意饰品的创新度才是最重要的，尝试用不同的材料制作出不同的饰品，才能带给人们不同的心理感受。

图 3-64

因此，在创意饰品造型中提出的就是饰品材料的多样化，这些材料本身并没有界定，只要是可以用得上的材料都可以用来制作创意饰品，如结晶石、陶瓷、塑料、有机玻璃、皮革、石膏、纤维织物，以及自然界的植物等。时尚饰品材质选择的宗旨在于能体现材质的美感，尝试创意饰品的创新设计。

## 四、饰品的装饰纹样元素

世界各民族的文化、传统似乎也在快速地融合。在这种大环境下，现代创意饰品设计的装饰形式也在推陈出新、异彩纷呈，无论是在造型形式的变化、文化理念的提升方面，还是在各种材料、工艺技术的丰富与开发方面，都有创造性的开拓与进展。装饰图案已成为中华民族文化中无法忽视的一种艺术表现形式，对建筑、绘画、工艺品，以及戏剧等

扫一扫

其他艺术的创作都产生了深远的影响。近年来，传统文化又重新燃起首饰界的创作激情，越来越多的传统纹样频繁地出现在现代时尚创意饰品的设计中。

在现代时尚创意饰品设计中，中国及世界各国的传统纹样越来越受到设计师与大众的喜爱，越来越多的传统装饰纹样元素被运用到现代创意饰品设计中，特别是那些造型优美并被赋予美好吉祥寓意的纹样，反映着中华民族传统而淳朴的对美的追求，通过取其"形"、延其"意"、传其"神"、弘其"势"、显其"韵"，使我们能充分感受到装饰纹样在首饰中显现的形式美、寓意美和精神美。作为时尚饰品设计元素之一的装饰纹样，既能提升设计的文化品位，同时也能传达出人们对美好生活的憧憬。

## （一）取其"形"

"形"，指的是形态、形状，是指一切造型艺术的根本所在。创意饰品设计作为一门创造艺术也必须遵循这一艺术规律，对"形"的有力把握可以形成良好的第一印象，它是创意饰品设计的首要元素。中国传统装饰纹样注重的是形的完整与装饰性，关注的是形与形之间的呼应、礼让、穿插关系等，组织结构中大多追求对称、均齐的构架效果，这为创意饰品设计等诸多设计提供了借鉴意义。在创意饰品设计中，有许多造型样式是直接从中国传统吉祥纹样中提炼出来的。装饰纹样有很多种，包括动物纹样、植物纹样、风景纹样和人物纹样等，这些纹样经过演化可以形成各种首饰造型。如各种祥云、水波纹、如意纹、回纹、盘长纹（吉祥结）等，它们都是典型的装饰纹样，大量出现在建筑等相关艺术造型上，也被应用到创意饰品中。

图 3-65

在现代时尚饰品设计中，取代传统装饰纹样之"形"绝对不是简单地照抄照搬，而是对其进行再创造。这种再创造是在理解传统文化的基础上创造出来的，它以现代的审美观念对传统纹样中的一些元素加以提炼，以使传统纹样不断延伸、演变，或者把传统纹样的造型方法与表现形式用到首饰设计中，用以表达设计理念，同时也体现出民族的个性，如图 3-65 所示。

## （二）延其"意"

"意"为寓意，指象征，在传统装饰纹样中蕴藏了更多、更深的吉祥寓意。纹样符号只是这些内在寓意作为一种特殊形式的外在表达，是"观念的外化"。这些意义最初大多源于自然崇拜和宗教崇拜，有"生命繁衍、富强康乐、祛灾除祸"等吉祥的象征意义。正是由于人们对这种"意"，即美好生活的向往和企盼的执着追求，才使"形"得以代代相传，具有强大的生命力和视觉震撼力。现代创意饰品设计将纹样及其寓意进行组合、融会，形式更加不拘一格，具有强烈的艺术个性，是民族文化传统的深厚底蕴与现代审美情趣完美结合的

图 3-66

自然精神外溢，具有强烈的民族文化特质。

在漫长的岁月里，我们的祖先创造了许多寓意美好生活和吉祥的纹样（见图 3-66）。现代设计师通过借喻、比拟、双关、谐音、象征等手法，把图形与吉祥寓意完美结合起来，将传统图案与创意饰品设计结合起来，创作出具有本土特色又不失现代感的首饰作品。不同的装饰往往蕴含着不同的寓意，如动物图案中的龙、凤凰等象征着吉祥；花卉图案中的牡丹象征着富贵，梅花象征着艰苦和顽强的精神，万年青象征着永恒，橄榄枝象征着和平等。

在传统动物纹样中，蝴蝶是中国民间喜爱的装饰形象。蝴蝶美丽、轻盈，是美好的象征，常常用来寓意爱情和婚姻的美满、和谐，因此常作为情侣饰品或表达爱意的饰品的装饰纹样。现代以蝴蝶为设计素材的作品深受消费者的青睐。经过夸张处理的蝴蝶，由几何图形组成，透过这些形状的转动，一只充满动感的蝴蝶就会展现出来，由冷酷的、简单的线条柔化成富有生命力的蝴蝶，充分表现了变幻的感觉，如图 3-67 所示。

图 3-67

## （三）传其"神"

"神"指精神，传其"神"就是把中国传统文化的精髓融入现代饰品设计中。这就要求我们在掌握传统装饰纹样语言的基础上，进一步分析、研究中国传统文化的哲学思想，把握中国的人文精神，并结合当代的社会需求，兼收并蓄，融会贯通，寻找传统与现代的契合点，创造一种原创的、全新的、成熟的能表现一个民族文化精神的时尚饰品。

时尚饰品设计中所谓对中国传统纹样"神"的凝聚，其实就是对传统吉祥纹样精粹的截取、提纯和浓缩。现在很多首饰作品以其简洁、凝练的艺术形式，将装饰纹样的"神"凝聚在极富现代感而又简约的造型之中（见图 3-68）。这种"神"的凝聚就像小说中加强戏剧冲突一样，都是为了取得强烈的艺术效果。人对饰品精神需求的共同态度和差异，取决于人对自然的认识与态度，取决于这种认识与态度所产生的精神文化。

图 3-68

## （四）弘其"势"

"势"通常指的是气度、气势，在这里指的是现代饰品设计借鉴中国传统装饰纹样设计创作作品表现出来的一种气度、气质。"势"也是对首饰造型的整体动态的处理，具有动势的造型能更快地吸引人们的视线并给人们留下深刻的印象。在书法艺术中，"势"指"笔势"，就是字的平正或欹侧，把"笔势"借鉴到饰品设计中，运用中国书法艺术的表现形式和技巧，使表现与形式和谐统一，可以使饰品整体体现出中国艺术的审美情趣与气度。

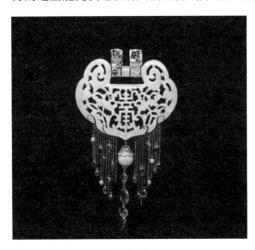

图 3-69

汉字是体系完整且具有创造力的文字。在早期，很多甲骨文、象形字具有很强的图案性。书法中许多文字既像一幅画，又有阅读功能，可以说无书不成画。把握传统装饰纹样的"势"，并将其融合到创意饰品设计中，有利于设计师创作出具有一定气度、气质的，属于我们本民族的，同时又是国际惊艳的时尚创意饰品（见图 3-69）。

## （五）显其"韵"

"韵"，本是与听觉相关的乐的美学特性；"味"，本是与味觉相关的概念。经过修辞转换、美学转换后，它们成了审美品评的重要范畴。"韵"和"味"合二为一，主要是指令人回味无穷的审美效果。"韵"的文化内涵是一种舞动形式，时尚饰品设计中装饰纹样的"韵"，是指纹样显现的韵味，一种含蓄的意味或情趣风味。

不同造型、不同风格、不同色彩的纹样，都具有各自的韵味。如果将琵琶、旗袍、中国扇等中国古典美学元素和以太极、牡丹为代表的东方传统审美情趣，融入世界领先的创意及工艺，中西合璧的独特魅力就会给人们带来前所未有的饰品审美新风潮。另外，将中国的传统文化融合到创意饰品设计中，还可以让人们更好地了解中国文化，并发扬中国文化，使其韵味源远流长。

装饰纹样因其丰富的题材、多样的形式、深厚的内涵，而具有持久的、独特的、鲜活的魅力。将装饰纹样运用到时尚首饰设计中既是对文化的继承与发展，又丰富了首饰的文化艺术内涵，加强了艺术感染力。借鉴传统吉祥纹样中的"形""神""意""势""韵"，将中西方创意与文化完美结合，就可能设计出具有长久生命力和中国特色的、时代性和国防性并存的时尚饰品。

## 五、饰品的工艺元素

创意饰品设计不能仅满足于平面设计的范畴，还要在平面设计的基础上通过各种工艺手段达到立体造型的目的。因此，在饰品设计前，还要考虑饰品的制作工艺，这对饰品的制作过程将有很大的帮助。创意饰品从设计图到变成真正的成品需要一个加工制作的过程，在这个过程中运用到的技术、方法和手段称为饰品制作工艺。

扫一扫

饰品制作工艺有很多种，包括中国传统的制作工艺，如花丝工艺、烧蓝工艺、錾花工艺、点翠工艺、打胎工艺、蒙镶工艺、平填工艺等；还包括现代机械加工工艺，如浇铸工艺、冲压工艺、电铸工艺等。近几年来，饰品的表面处理不再追求一致的、有序的抛光或磨砂工艺带来的表面效果，而是根据主题需要、材料特点采用不同的表面处理方法，以使其更加个性化。

### （一）贵金属加工工艺

贵金属加工工艺可分为传统手工加工工艺、机械加工工艺及表面处理工艺。传统手工加工工艺主要包括花丝工艺；机械加工工艺包括失蜡浇铸工艺、冲压工艺、机链工艺等；表面处理工艺包括电镀工艺、压花工艺等。

#### 1. 传统手工加工工艺

在传统手工加工工艺中，我们主要介绍一下花丝工艺。花丝工艺是指金属细丝经盘曲、掐花、真丝、堆垒等手段制作造型的细金工艺品。花丝饰品纤细、精巧，富有内涵，近看效果极好。花丝工艺加工的饰品如图3-70所示。

图 3-70

#### 2. 机械加工工艺

（1）失蜡浇铸工艺。

失蜡浇铸工艺是现今首饰业中最主要的一种生产工艺，失蜡浇铸而成的首饰成了当今首饰的主流产品。浇铸工艺适合用来创造凹凸明显的首饰形态，并且适合用在大批量生产中。

（2）冲压工艺。

冲压工艺也称模冲、压花，是一种浮雕图案制造工艺。冲压工艺适用于底面凹凸的饰品，如小的锁片，或者起伏不明显、容易分两步或多步冲压成形或组合的物品，另外极薄的部件和需要精致处理细部图案的饰品也需要用冲压工艺加工。

（3）机链工艺。

机链工艺是指用机械进行项链饰品加工的方法，常见的威尼斯链、珠子链、回纹链等项链均由机链工艺加工而成。机链工艺的特点是加工批量大、效率高、款式多、质量好。现今市场上的项链饰品几乎都是机制项链。

### 3. 表面处理工艺

贵金属饰品在其制作的最后阶段要进行表面处理，以达到理想的艺术效果。表面处理的方法有很多，主要包括錾刻、包金、电镀、车花（铣花）、喷砂、表面氧化等（见图3-71）。

图 3-71

## （二）宝石镶嵌工艺

使金属与宝石牢固连接的常用镶造方式主要有爪镶、包镶、迫镶、起钉镶、混镶等。

### 1. 爪镶

爪镶适合镶嵌颗粒较大的刻画主石，这种镶法空心无底，诱光明显，用金量小，加工方便，对宝石大小的要求不严格，但因焊口位较大，所以设计时最好另加衬托物以遮盖其焊口位。

爪镶包括二爪、三爪、四爪和六爪，镶嵌方便，但与包镶相比不太牢固，爪镶饰品如图3-72所示。

### 2. 包镶

包镶包括全包镶和半包镶，包镶抓石牢固，适合难以抓牢的凸面石或随形石，但包镶要求石形与镶口非常吻合，且难以修改，包镶饰品如图3-73所示。

图 3-72

图 3-73

### 3. 迫镶和起钉镶

迫镶和起钉镶主要用于小石的镶嵌，迫镶多用于小方石的群镶；而起钉镶则主要用于小圆石的群镶，包括马眼钉、梅花钉等。

### 4. 混镶

混镶就是将不同的镶嵌方式结合在同一件饰品上，这种镶法可以将大石与小石协调地组合起来，并可以灵活地处理好高低位及各种弯度。

当代创意饰品设计都以简约为主，工艺要求越来越高，如要有线条感、几何感等。黄金首饰也突破了以往工艺单一的传统，大胆地与其他材质工艺搭配，如黄金与橡胶、塑胶搭配等，都是绝妙的创意，所以对工艺方面的要求也就越来越高。中国有许多传统工艺，诸如花丝、景泰蓝、云锦、雕漆、刺绣等，这些加工工艺将给首饰制造带来意想不到的效果。

图 3-74

时尚创意饰品设计不但要考虑饰品的可制作性，还要借鉴各种具有民族特色的饰品制作工艺。例如，国外设计师发展了中国的花丝工艺，并设计出独特且具有现代感的饰品。设计师还创造性地应用了各种不同的表面处理方法，结合新型设计理念，更好地表达了作品的创意，设计出风格迥异的当代时尚饰品（见图 3-74）。

## 六、饰品的时尚元素

"时尚"是"时"与"尚"的结合，"时"意味着变化、短暂，"尚"意味着崇尚。所以，时尚就是在特定时段内率先由少数人实验，后来为社会大众所崇尚和效仿的生活样式。在这个极简化的意义上，"时尚"应当理解为在不断发展变化的时间长河中，现阶段的、当时最新的、人

们所尊崇的、关注的一切事物。时尚之所以被称为时尚，是因为它包含创造和领先，时尚的真正意义在于探索、追求和创新。

时尚，是创意饰品设计中使用比较频繁，也是比较重要的一个词。感悟时尚的变换、采集时尚元素、归纳整理时尚信息，将时尚元素有选择地灵活运用于时尚创意饰品设计中，是设计师进行创意饰品设计的责任。

创意饰品的时尚性需要由具体的款式造型风格和材料、工艺、功能、细节、色彩和理念的时尚性来体现。

## （一）款式造型风格

创意饰品款式造型的创新是建立在设计定位、信息资料的分析及市场调研的基础上的，创新也是款式造型设计的关键。创意饰品造型的时尚既要符合大众审美，又要引领时尚潮流，这就需要有独特的风格。时尚饰品的设计风格以多变性和独特性著称，而时尚的本质正是以变化和强调风格设计为核心的。饰品风格体现了设计师对时尚独特的艺术修养，独特风格的饰品设计是个性与时尚完美结合的典范。

## （二）材料的时尚性

材料是体现饰品造型的重要因素，款式造型无论简单还是复杂，都需要由材料来完成。对材料的创新研究，使造型具有了多种可能性，同时也给饰品设计带来了新的思维空间和表现手法。纸质饰品如图 3-75 所示。

银、铁、黄铜、桦木制品如图 3-76 所示。

图 3-75

图 3-76

## （三）工艺的时尚性

工艺技术的创新能使饰品的物化达到最佳效果，同时也是饰品设计的一种手段。工艺技术的创新还使饰品造型有了技术上的保证，新工艺、新技术是当今饰品具有时尚性、创新性的重要保证因素。

## （四）功能的时尚性

现代人在提高生活品质的同时，更加注重个性的宣传和观念的传达。饰品功能的拓展创新意味着饰品更人性化、更深度化，突出了以人为本的理念。时尚饰品越来越强调功能的多样化，不仅要有装饰价值，还要有功能价值，以凸显佩戴者的时尚性和文化品位，如有磁疗效用的戒指；走夜路时可以发光的手镯；危急情况下可以发出电流的自卫戒指；装有醒脑液等应急药水的项链；能按摩的吊坠；具有对讲、蓝牙、收发邮件、报时等功能的手镯等（见图 3-77）。

图 3-77

## （五）细节的时尚性

时尚饰品在材料和理念上的创新，使饰品与时尚的联系更加紧密。饰品的佩戴方式在传统概念上颠覆了时尚界的传统审美标准，使饰品更加时尚且另类。另类美感不仅挑战着人们的视觉极限，还使人感受到艺术的情趣。

## （六）色彩的时尚性

色彩是创造饰品整体视觉效果的主要因素。设计师通过运用不同的色彩手法，在体现时尚性的同时也丰富了其设计表现力。

## （七）理念的时尚性

设计理念是设计师在作品构思过程中所确立的主导思想，它赋予了作品文化内涵和风格特点。时尚的设计理念至关重要，它不仅是设计的精髓所在，而且能令作品具有个性化、专业化和与众不同的效果。

# ◇ 第五节　文创产品创意设计与实训

## 一、文化研究

### （一）文化创意产业的基本概念

20 世纪 90 年代，英国经济处于停滞状态。时任首相布莱尔听取"创意经济之父"约翰·霍金斯教授的建议，将"创意经济"上升为国家战略。从1998 年英国的"创意产业纲领文件"，到 2005 年的"创意经济方案"，再到2017年的"现代工业战略""创意经济"，文化创意产业得以在英国蓬勃发展，并

随着经济的发展不断迭代升级。进入 21 世纪后，文化创意产业已成为新兴朝阳产业，其产业发展的层次与水平成为当前经济竞争力和文化向心力的重要指标，是各地寻求新的经济增长点的重要内容。而目前国内外学者对文化创意产业尚处于认知和探索阶段，它还没有一个清晰的定义，我在结合自己的教学实践，参照诸家的代表性意见后认为：所谓文化创意产业，就是将抽象的文化直接转化为具有高度经济价值的"精致产业"。换言之，文化创意产业应以文化为共同条件和特性，通过创意将知识的原创性与变化融入具有丰富内涵的文化中，产生出能够创造经济价值的全新的产业类型，而经济价值的实现则依靠保护知识产权来保证。

### （二）文化的概念

#### 1. 文化是什么

文化是相对于经济、政治而言的人类的全部精神活动及其产品。从词源上来说，"文化"一词在西方来源于拉丁语 Cultura，原意有土地耕耘和栽培的意思，后来引申为对人的身心教养。国内外对文化有不同的定义，但都认为它是人类思想和实践活动的总体体现。

• 关乎人文，以化成天下。

——《易经》

• 所谓文化，不过是一个民族生活的种种方面，可以总括为三个方面：精神生活方面，如宗教、哲学、艺术等；社会生活方面，如社会组织、伦理习惯、政治制度、经济关系等；物质生活方面，如饮食起居等。

——国学大师　梁漱溟

· 文化由外显的和内隐的行为模式构成，这种行为模式通过象征符号传递；文化代表了人类群体的显著成就，包括它们在人造器物中的体现；文化的核心部分是传统观念，尤其是它们所具有的价值；文化体系一方面可以看作活动的产物，另一方面则是进一步活动的决定因素。

——美国文化人类学家　克罗伯、克拉克

### 2. 文化的分类

从文化的表现形式和传承方式是否依赖物质形态而言，文化可以分为物质文化和非物质文化。

物质文化是外化并凝结在物质材料上，通过物质材料来表现、传播和传承的固态文化或静态文化。例如，人类所学的大部分知识是通过纸介质这种物质形式来表现和传承的；人类所积累的经验和所创造的知识及文化，只有在物化和固化在纸介质这种物质材料上时，才能得到较大规模的传播和传承，也才能产生较大的作用和影响。我们学习和传承人类文化主要是通过书本所记载的知识来进行的。

而非物质文化是动态或活态地表现和传承的动态文化、活态文化。任何一种文化都要通过各种途径和形式表现出来，否则就不可能存在；任何一种文化都要通过各种途径和方式进行传承，否则就会消失。非物质文化无须外化并凝结在物质材料上，也无须通过物质材料来表现和传承，而是通过口头讲述和亲身行为等来直接表现和传承的，有学者将其概括为"活态文化传承"，指的也是这个意思，物质文化与非物质文化对比如图3-78所示。

图 3-78

### 3. 文化的形态

（1）器物文化。

器物文化是指物质层面的文化，是人们在物质生活资料的生产实践过程中创造的文化内容，包括衣、食、住、行等方面，如农耕用具犁、传统乐器古筝等，如图3-79所示。

图 3-79

（2）行为文化。

行为文化是指制度层面的文化，它反映在人与人之间的各种社会关系中，以及人的生活方式上，如宗族制度、八旗制度等，如图 3-80 所示。

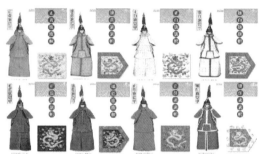

图 3-80

（3）观念文化。

观念文化是指精神层面的文化，它以价值观或文化价值体系为中心，包括理论观念、文化理想、文学艺术、宗教、伦理道德等，如图 3-81 所示。

图 3-81

## （三）研究什么文化

### 1. 地域文化

地域文化专指中华大地特定区域源远流长、独具特色，继续传承并发挥作用的传统文化，如齐鲁文化、巴蜀文化、楚文化、吴越文化、两广文化等（见图 3-82）。

### 2. 饮食文化

中国饮食文化可以从时代与技法、地域与经济、民族与宗教、食品与餐具、消费与层次、民俗与功能等多种角度进行分类，它们展示出了不同的文化品位，体现出了不同的使用价值，异彩纷呈，如八大菜系、茶文化、酒文化、小吃文化等（见图 3-83）。

图 3-82

图 3-83

### 3. 艺术文化

艺术文化是人们在社会意识形态方面产生的精神活动及其产品。艺术可以是宏观概念，也可以是个体现象，是通过捕捉与挖掘、感受与分析、整合与运用等方式对客观或主观对象进行感知、意识、思维、操作、表达等活动的过程，或是通过感受（看、听、嗅）得到的形式并将其展示出来的阶段性结果，如戏剧文化（见图 3-84）、书法文化、诗词文化。

### 4. 自然文化

自然文化就是在资源利用和艺术欣赏方面表现出特殊优势的风景名胜的一系列文化现象，主要是指自然名胜区和对人类生活、生产影响深远的自然环境，如山文化（见图 3-85）、水文化、鱼文化、节气文化、风水文化等。

图 3-84

图 3-85

### 5. 美好祝愿文化

当人们追求幸福、美好、平安时，美好祝愿文化便被创造出来了，美好祝愿文化如同吉祥文化。美好祝愿文化的作用范围很广，其外在体现可以从部落图腾延伸到人们衣、食、住、行的方方面面；其内在的预示意义可以从直观美好愿望的简单诉求延伸并升华为预示着好运、幸福、长寿、发财、加官晋爵、子孙满堂等的文化。美好祝愿文化构成了民族文化方阵中独树一帜的吉祥文化，如福禄寿等（见图3-86）。

### 6. 服饰文化

随着社会的发展进步，服饰不仅成为人类生活的需要，还代表一定时期人类文化的积淀，成为人类文明的标志。服饰的材料与制作工艺记载了科学技术和艺术的进步轨迹。服饰的产生、演变，与政治、经济、思想、文化、地理、历史、宗教信仰、生活习俗、心理心态、观念、民族特色等密切相关。正是因为存在着不同的历史条件和文化背景，才形成了不同时代、不同民族各不相同的服饰文化类型和风格，比如云南傣族服饰，如图3-87所示。

图 3-86                                 图 3-87

## （四）怎么研究文化

### 1. 历史文献法

对一些过去的文化现象如"中国禅宗的形成"不能进行现时调查，只能从历史文献中收集资料后进行分析。历史文献法主要调研的载体有商业调研报告、专著、论文、期刊、报纸、电视节目、网站等。

### 2. 民族学调查法

民族学调查法通过对后进民族的调查，积累了丰富的文字资料，并记录下非物质文化遗产。如调研印度"真正的村庄"，审视全球化过程中印度社会底层的传统观念、意象和本土文化，可以从真实的世界中深入挖掘融入了地方性用户知识的人工物，比如低价、好用的手动包装器；用废弃包装和木头制成的小贩手推车；用废弃包装制成的木质擦鞋支架；用来帮助农夫学习农业技术的游戏棋盘等，如图3-88所示。

图 3-88

## 3. 分类比较法

分类比较法按照物质和意识形态划分文化，并根据对象在某些方面的相似或相异而得出结论。通过分类对比颐和园和苏州园林，能更加明显地看出南北园林在风格和布局上的差异（见图 3-89）。

图 3-89

#### 4. 观察法

观察法是指有目的、有计划地对文化现象进行观察。在运用观察法时，我们要细心观察各种现象并做出系统性的记录，包括观察人物、环境、时间、行为、互动过程等，如图 3-90 所示。

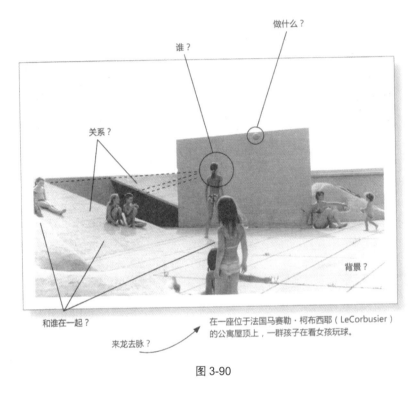

图 3-90

## （五）怎么应用文化

### 1. 应用文化的精神内核

应用文化的精神内核即吸收传统文化的精髓，找到合适的契合点，并与现代产品相结合，使传统文化走入现代人的生活，如图 3-91 所示的上上签（洛可可设计）和图 3-92 所示的"大耳有福"之餐具设计，以及如图 3-93 所示的高山流水。

图 3-91          图 3-92

图 3-93

## 2. 应用文化的过程现象

应用文化的过程现象即寻找事物之间在操作方式、使用方法方面暗含的相似性，把一种事物的某种属性应用在另一种事物上，如图 3-94 所示。

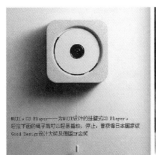

图 3-94

## 3. 应用文化的外在形象

应用文化的外在形象即将传统物件时尚化、现代化，对传统图案或图形进行提炼概括、打散重构等，如图 3-95 所示。

图 3-95

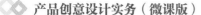

## 4.设计的应用载体

设计的应用载体可以分为实体产品、虚拟产品、虚实结合产品。图 3-96 所示分别为实体产品、虚拟产品、虚实结合产品。

图 3-96

# 二、文创产品的基本特征

文创产品的"体验价值"要求其不仅满足消费者物质层面的需求，还要满足消费者心理层面和精神层面的需求。文创产品在具备普通商品一般特征的同时，还应该具有区别于一般商品的特征，如文化性与艺术性、地域性与民族性、纪念性与实用性、经济性与时代性等。

## （一）文化性与艺术性

### 1.文化性

创意产业具有很强的人文性。创意产业是通过创造性思维激活思维、激活文化、激活情感、激活概念所产生的创新性理念，可为产品注入新思想、新文化、新情感、新概念、新时尚，在很大程度上提高文化附加值，带来可观的经济效益。

文创产品中的文化性是指通过文创产品显现民族传统、时代特色、社会风尚、企业或团体理念等精神信息。文化性是文创产品的核心内容，消费者对文创产品的消费从某种意义上来说不仅仅是为了其实用性，更多的是为了购买"一种文化"和生活方式，是一种由文化带来的情感溢价。在体验经济时代，文创产品背后承载的是一种独特的文化和故事，凝结的是独特的精神价值和社会内涵，体现的是文化渊源和消费者独特的价值追求。文创产品注重文化的创新，文化创新并不意味着一定要和传统文化结合，它可以是多元文化的创造性组合。同时，文创产品对文化的传承与创新，应当尊重文化本身的"精神内核"，切忌捏造和篡改文化。例如，平遥古城地图文创产品图（见图 3-97 ～图 3-99），这些文创产品不仅仅是与古城地图形态的契合，还运用了古人"以龟建城"的理念，传达了吉祥、安康、坚强、永固的美好寓意。

图 3-97 图 3-98 图 3-99

## 2. 艺术性

艺术性是指在结合设计条件、材料、环境进行设计活动时，创作主体应对设计的审美规律有所参照，设计作品应对设计审美要素有所展现。文创产品应具有艺术价值，凝结受众的审美特征，具有艺术欣赏的特性。艺术欣赏应包括文创产品外在形态和内在精神的欣赏，只有内外结合的美，才能给受众带来愉悦的感受，同时唤起人们的生活情趣和价值体验，使文创产品可以与人、与生活进行很好的沟通。

因此，设计师在设计文创产品时，应当充分熟悉材质、工艺、形式所表现出来的特性，同时结合文化习俗、风土人情、神话传说、生活方式等，设计出的外在形态要符合形式美法则及当代的审美需求，内在故事能让消费者有所回味，从而从不同角度体现出产品独特的艺术审美价值（见图 3-100）。

图 3-100

# （二）地域性与民族性

## 1. 地域性

地域文化是以地域为基础，以历史为主线，以景物为载体，以现实为表象，在社会进程中发挥作用的人文精神活动的总称。地域文化反映着这一地区社会和民族的经济、政治、宗教等文化形态，蕴涵着民族的哲学、艺术、宗教、风俗，以及整个价值体系的起源。地域性设计是依据地域特点进行的设计，主要包括基于地域环境的适应性设计和基于文化资源的传承性设计两个方面，其实质是一种生态性设计。

不同的地域必然有不同的文化空间，所呈现的文化环境也必然不同。例如，中国长江流域的文化与黄河流域的文化不同，但它们同属华夏文明；荆楚文化与赣皖文化不同，但它们同属长江流域的文化；而荆楚文化又可以细分为屈原文化、三国文化等。地域性设计的基本设计方法是提取传统文化中的符号模式及功能模式并将它们应用于现代设计中，以满足本地域文化共同体的审美心理认同，同时造成相异地区人们文化审美心理的差异感。图 3-101 所示的茶包盖就是通过具象塑造独钓寒江的老翁，表达了产品清冷孤傲的意境感。

在设计文创产品时，应概括出文化的共性和个性，突出文化的个性，反映特定地域的自然风貌和风土人情。当今文创产品对文化的阐释多流于表面，不能深入地挖掘文化的内涵，这也是导致同质化现象严重的原因之一。

图 3-101

### 2. 民族性

艺术由人创造，而人不能离开民族单独存在，尤其是离不开本土文化。以鱼为例，东西方对鱼的理解存在巨大差异，鱼在中国有着美好的象征意义，当在设计作品中出现鱼时，中国人自然而然就会联想到这个抽象符号代表的一些特殊意义；在英语口语里，fish 常常被用来指"人"，类似于汉语里的"家伙""东西"等，往往含有贬义。民族性指的是一群人在文化、语言、历史或宗教与其他人群在客观上有所区分。一般来说，一个民族在历史渊源、生产方式、语言、文化、风俗习惯及心理认同等方面具有共同特征。"民族的才是世界的"，在艺术风格上越具有民族性就越具有世界性。同时，只有民族文化的独特性可以保证文化的多样性，如湘西的土家织锦、贵州的彝族漆器、西藏的唐卡等，它们各具特色、争奇斗艳。

不同的民族所表达的文化特性不同，设计师在设计产品之前，应该着重抓住民族文化的精神内核，找到共性与个性。在对文化元素进行提取时，应对民俗故事、纹饰、器物等进行分类梳理，在尊重民族习惯的前提下进行挖掘，设计出具有民族风情的产品，从而更好地弘扬和传承民族文化（见图 3-102）。

图 3-102

## （三）纪念性与实用性

### 1. 纪念性

纪念性是文创产品对情感和记忆的承载。纪念是人们在现实生活中的一种感知方式，人们以这样的方式不断地丰富个人和集体的文化意向，进一步形成丰富多样的人类文明。纪念性要求文创产品既要为消费者带来审美愉悦，又要帮助人们回顾历史，了解自身及周边的世界。纪念性强调消费者与被纪念事物之间的关联性，而文创产品是将纪念意义赋予产品，以唤醒某种记忆。

大家在设计纪念性文创产品时，可采用象征的手法。象征以形象代表概念，运用象征的手法可以阐明与形象相关联的意义。比较典型的象征手法有数目象征（如生日、革命纪念日等）、视觉象征（如品牌形象、纹饰等）、场所体验（如诗词意境、建筑等），如图 3-103 所示。

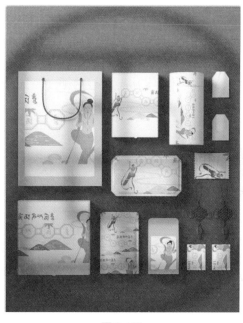

图 3-103

## 2. 实用性

在设计发展水平相对超前的国家，实用性设计似乎不那么重要，人们更在意审美和艺术的趣味性。而在我国可以明显感知到的是，在传统非物质文化遗产项目中，传统手工艺创作者似乎更受资本市场和政府的青睐，很大程度上是因其可直接生产具有实用价值的产品。

鉴于我国国情，消费者在选择购买产品时更倾向购买具有实用价值的产品。文创产品的实用性虽然不是必要选项，但应是设计师的重点考量维度。实用性文创产品如图3-104所示。

图 3-104

## （四）经济性与时代性

### 1. 经济性

经济性是指以最低的能耗达到最佳的设计效果，文创产品应该具有较高的性价比，针对消费者的群体特征设定合适的价格。在旅游景点或文博单位，我们常常能看到文物复制品或手工艺产品，这些文物复制品或手工艺产品缺乏创新性且价格虚高，让不少游客"望物兴叹"。文创产品的优势在于它可以通过创意设计赋予产品文化内涵，提升产品的体验价值，从而使产品具有较高的附加值，以使消费者觉得"价格合理，贵有贵的道理"。

设计师应该考虑不同消费层级群体的需求，设计不同层次的产品，最好高/中/低档均有涉猎，以使消费者拥有更多的选择空间。

纸品设计成本低，也可以做得很有创意，是比较好的文化传承的品类载体（见图3-105）。

图 3-105

## 2.时代性

艺术是人类生活中的重要组成部分，它可以培养人的认知能力、创造力，以及人的审美能力。文创产品设计应当在兼具文化性的同时体现当代人的审美需求，与当代人沟通，从而使文化不与时代脱节。时代性的对立面是因循守旧，我国的部分手工艺或民俗非遗传承难以维系，很大一部分原因是它们不能适应时代潮流，与当下生活方式结合不够紧密。

随着中国提出全面复兴中国传统文化，出现了一大批"古老"而又年轻的、弘扬传统文化的节目，如《国家宝藏》《如果国宝会说话》等，这些节目之所以受到年轻人的喜爱，很大一部分原因是它们注重与年轻人的沟通和互动。中国的文创品牌要想走出去，必须在尊重中国本土文化的同时又符合国际审美。国际知名华人设计师刘传凯设计的上海世博会城市旅游纪念品——微风，将上海地标以中国特有的折扇形式表现，利用了中国传统香木扇的拉花、烫花、雕花等制作工艺，极具时代性和纪念意义（见图3-106）。

图 3-106

## 三、文创产品的基本分类方式

文创产品其实是一个比较广的概念，对于其内涵和外延学界、业界也未能形成清晰的界定。本书中对文创产品的研究主要依据艺术设计专业的设计实践，对文创产品的分类主要是从艺术设计的角度进行考量的。主要从 4 个方面对文创产品进行分类：基于产品的设计对象分类、基于产品的材料工艺分类、基于产品的市场需求分类和基于产品的功能分类。

## （一）基于产品的设计对象分类

### 1.旅游纪念品

关于什么是旅游纪念品，目前并没有清晰的概念，有学者从广义与狭义两个角度对其定义。广义上，旅游纪念品是指对能够满足人们的文化感受和精神消费的，依托娱乐休闲、自然风光、风景名胜等旅游资源而打造的一系列旅游活动产品；狭义的旅游纪念品，即本书所讨论的产品，是指游客在旅游过程中购买的精巧便携、富有地域特色和民族特色的礼品。

有人将旅游纪念品比喻成一个城市的名片，这张名片典雅华丽，有极高的收藏与鉴赏价值。常见的旅游纪念品主要是指针对博物馆和观光景点所设计的文创产品。

近年来，我国博物馆事业蓬勃发展，截至 2016 年年底，全国登记注册的博物馆已达4873 家，比 2015 年增加了 181 家。全国博物馆每年举办的展览超过 3 万次，参观人次达 9亿人次。作为中国博物馆文创产品开发的"标杆"机构，北京故宫博物院的文创产品收入从2013 年的 6 亿元增长到 2016 年的 10 亿元。而故宫博物院前院长单霁翔也表示，未来故宫的文创产品将从"数量增长"走向"质量提升"。在 2017 年，故宫的文创产品全年总收入达到了 15 亿元，可以说，博物馆正悄悄走进并开始影响着我们的生活。故宫系列文创设计产品如图 3-107 所示。

图 3-107

### 2. 娱乐艺术衍生品

艺术衍生品，是基于艺术品的艺术价值、审美价值、经济价值、精神价值而派生出的一系列商品，它来源于艺术品本身，却改变了艺术品的自主性、个体性、不可复制性等属性，成为具有审美价值的可批量生产的一般性商品。本书所说的娱乐艺术衍生品主要是基于影视娱乐、艺术家作品、动漫 IP（即动漫知识产权）等衍生出来的文创产品（见图 3-108）。

图 3-108

　　2015 年，动画电影《西游记之大圣归来》推出的衍生品的首日销售收入突破了 1180 万元，创造了国内影视衍生品日销售额的新纪录，2015 年也因此被看成中国影视衍生品产业化的元年。2016 年，影视衍生品市场迎来了"井喷式"增长，互联网影业的进入正在开创衍生品市场的新局面。由光线传媒出品的《大鱼海棠》，仅其衍生品就创下两周众筹 300 万元、总销量超 5000 万元的亮眼成绩。由此开始，衍生品的销售渠道不断被拓宽，销售种类也获得了前所未有的增长。

### 3. 生活美学产品

　　生活美学指的是"美即生活"，强调的是对于美学回归现实的转向，它通过将日常经验和审美过程结合，从感性出发来理解和分析其美的感受。它是对"日常生活审美化"与"审美日常生活化"最佳的理论诠释，也是现代美学的最终走向，即走向生活。生活美学产品主要是通过对生活的观察，把自己对生活方式的理解渗透到日常产品的细节中，创造出美的甚至是引领生活方式的产品。正如乔布斯所说，"消费者并不知道自己需要什么，直到我们拿出自己的产品，他们就发现'这是我要的东西'。"

　　生活美学产品应多关注我国的传统生活方式和造物方式，如儒释道文化、茶道、花道、香道等。生活美学产品是对生活方式和造物方式的阐释，其背后蕴涵着深刻含义、仪式感或是匠心，如老舍茶馆与洛可可合作，新器新概念，结合盖碗哲学和禅宗哲学打造出全新中国盖碗茶（见图 3-109）。

图 3-109

### 4. 活动与展会文创

　　活动与展会文创一般是指根据展会、论坛、庆典、博览会、运动会等所设计的文创产品，此类产品有较强的纪念价值，但时效性较短，往往会随着活动的截止而停止生产和售卖，在产品品类的选择上也多为设计类学生较为常用的文具，具有较强的实用价值和纪念价值（见图 3-110）。

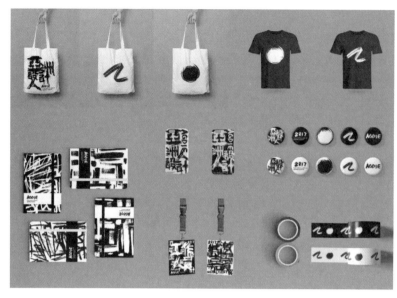

图 3-110

### 5. 企业与品牌文创

　　企业与品牌文创是指根据企业文化、品牌文化等创作出来的产品，主要用于展示和丰富企业文化、商务礼品馈赠、互联网话题营销等，品牌联名也是目前品牌与品牌之间较为常见的合作模式。例如旺仔集团与国潮品牌 TYAKASHA（塔卡沙）发布联名款（见图 3-111），把一系列经典、传统、民族化的东西变成新潮的、特色的、大众化的东西，通过可爱、调皮的形象拉近与消费者的距离，使品牌进一步年轻化。

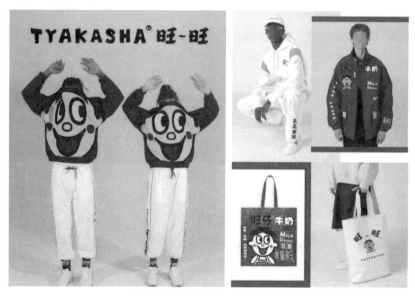

图 3-111

## （二）基于产品的材料工艺分类

在设计文创产品时，对材料的运用与研究主要是从不同材料给人带来的不同情感体验出发的。设计师应该熟悉材料的特征，并在设计中结合形式美法则加以应用，充分发挥不同材料自身特有的美学因素和艺术表现力，使材料各自的美感特征相互衬托，以求做到产品形、色、质的完美统一。基于此，可对产品设计中比较常见的材料进行分类，以便让大家更好地了解和认识不同材质的特性。

### 1. 陶瓷类与金属类

（1）陶瓷类。陶瓷是人们在日常生活中接触比较多的一种材料，被称为"土与火的艺术"，也是人类最早使用的非天然材料。陶瓷刚度大、强度高，常见的以陶瓷作为主要材质的文创产品有摆件、餐具、首饰等。不同的工艺也会呈现不同的特点，如景德镇的白瓷素有"白如玉，明如镜，薄如纸，声如磬"之称，而玲珑瓷因其明彻、通透，被称为"卡玻璃的瓷器"。在设计限定材质的时候，应当在掌握材质特性的基础上，结合不同的生活场景进行设计，用创新的思维将材质的特性表现出来。陶瓷材质文创作品——龙凤对杯，如图 3-112 所示。

图 3-112

（2）金属类。从"青铜器时代"到"铁器时代"，再到现在的"轻金属时代"，金属材料一直是人类文明史上比较重要的结构材料和功能材料。金属材料具有良好的延展性，金属的光泽、色彩、肌理等给设计师提供了良好的发挥空间。作为文创产品设计师，应当了解和熟悉金属材料的工艺，从而在进行金属类文创产品设计时能够做到游刃有余。金属材质文创作品——国风书签，如图 3-113 所示。

### 2. 布艺类与竹木类

（1）布艺类。布艺是中国民间工艺中历史悠久的一朵瑰丽的奇葩。中国古代的民间布艺主要用于服装、鞋帽、床帐、挂包、背包、玩具，以及其他小件的装饰品（如头巾、香袋、扇带、荷包、手帕等）。它是以布为原料，集民间剪纸、刺绣、制作工艺为一体的综合艺术。

布艺是营造温馨、舒适的室内氛围必不可少的元素，它能够柔化室内空间生硬的线条，赋予居室新的感觉和色彩。布艺文创作品示例如图 3-114 所示。

布艺品的分类方法有很多，可以按使用功能、空间、设计特色、加工工艺等进行分类。

图 3-113

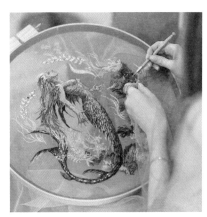

图 3-114

（2）竹木类。木材具有容易加工的特点，是人类最早使用的材料之一，常见于家具、陈设品等。木材给人以生态自然的感觉，有着宜人的质感、丰富的色彩和肌理、清新的芳香和柔和的触感。常用木材可以分为两类：硬木类和软木类。其中，硬木又分为红木和杂木。红木，如紫檀、花梨、酸枝、鸡翅木等，这类木头多用于制作高档家具或首饰；杂木，如胡桃木、樱桃木、桦木等常用于制作家具。

对于木材品类的文创产品设计，应根据材质从不同维度进行分类，如从档次、硬度、色彩、肌理等方面进行分类。根据木材的特性不同，巧妙地借用木材原本的肌理和颜色去设计，可以创造出不同温度和情怀的产品。苏州博物馆的"山水间"文具置物座，利用木头代替片山假石，赋予了文创产品自然的温度感（见图 3-115）。

身处扰攘俗世
心在山水之间

图 3-115

### 3. 塑料类与玻璃类

（1）塑料类。塑料是一种相对来说发展历史较短的材料，第一代塑料于 1868 年问世，随后发展迅猛。塑料具有易成型、成本低、质量轻等特点，具有优良的综合性能，被广泛运用于家电外壳、办公用品、装饰用品等，在中/低端纪念品市场中较为常见（见图 3-116）。

（2）玻璃类。玻璃与陶瓷一样，是一种脆性材料。玻璃的抗张强度较低，但硬度较大，此外，玻璃还具有许多独一无二的优点，被广泛应用到望远镜、眼镜镜片、梳妆台灯等的生产中。玻璃能制成酒杯、灯泡、建筑物的幕墙，也能制成价值较高的艺术品。近年来，越来越多的人关注陈设工艺品这一块，其中有很大一部分工艺品的造型都是由玻璃来实现的（见图 3-117）。

图 3-116　　　　　　　　　　　　　　　　　图 3-117

### 4. 泥塑类与皮革类

（1）泥塑类。泥塑，俗称"彩塑"。泥塑艺术是我国一种传统的、古老的民间艺术，是一种用黏土塑制成各种形象的民间手工艺术。泥塑的制作方法是在黏土里掺入少许棉花纤维，捣匀后，捏制成各种人物的泥坯，经阴干，涂上底粉，再施彩绘。泥塑以泥土为原料，手工捏制成形，或素或彩，多以人物、动物为主。泥塑在民间俗称"彩塑""泥玩"。泥塑发源于陕西省宝鸡市凤翔县（今凤翔区），流行于陕西省、天津市、江苏省、河南省等地。

中国传统泥塑多姿多彩，在新时代的背景下，泥塑的创新应该符合当下的生活场景和审美要求。泥塑文创作品示例如图 3-118 所示。

图 3-118

（2）皮革类。本书所说的皮革是指天然皮革，也就是人们常说的真皮。皮革是比较昂贵的材料，近些年越来越受到中高端消费群体的追捧，皮革制品也越来越多地被应用到更多的生活场景中。皮革的类型不同，其特点和用途也各不相同。例如，牛皮革面细、强度高，最适合用来制作皮鞋；羊皮革轻、薄、软，是皮革服装的理想面料；猪皮革的透气、透水性能较好，一般作为鞋用革和服装用革。皮革文创作品示例如图 3-119 所示。

图 3-119

## （三）基于产品的市场需求分类

### 1.消费型文创产品

消费型文创产品是指能被消费者快速消耗，不适宜长时间保存的文创产品，常见的有土特产与农副产品，一般来说与食品相关的比较多。此类产品会让消费者在游玩途中或回家后快速消耗掉，但因此类产品有较强的文化属性和鲜明的个性，容易增强产品的好感度和忠诚度，因此会让消费者产生重复购买的行为，甚至愿意将产品推荐给亲友。

在过去，农民在生产完之后将大批物资交给中间商，中间商会压低收购价格，农民的获利较少。"掌生谷粒"是我国台湾地区的一个农产品品牌，它取代了中间商的地位，让产品直达消费者，使农民获得了更高的利润。"掌生谷粒"通过创意的包装、感人的文案，表达了其美好的初衷和善良的模式，同时传达了台湾独有的风土人情。"掌生谷粒"所有的设计都有故事，传达了产品的初心，这也是文创产品应有的初心（见图3-120）。

图 3-120

## 2. 保存型文创产品

保存型文创产品一般具有较强的纪念性，会带有时代、地域或某种精神的印记，同时能被消费者长期保存。保存型文创产品种类较多，从实用性产品到摆件，从使用频率高的到使用频率低的。也许消费者会因为忙碌而忽视产品，但每当消费者使用或欣赏产品时都会想到产品背后的故事。

猫王收音机以电台文化为出发点，由50年北美胡桃原木，全手工打磨铸造，每一台都有独立的编号，每一台都是独一无二的。猫王全系列产品一经推出就深受消费者喜爱，销售额迅速超亿元，这也说明对于文创产品而言，并不需要讨好所有人，只要抓住文化的本质，并将其表现得淋漓尽致，就有可能打造"现象级"产品。猫王收音机部分产品图如图3-121所示。

图 3-121

## 3. 馈赠型文创产品

馈赠型文创产品，往往代表赠予方的地位和价值认同，一般来说，这类产品的做工比较精致、大气，文化内涵比较丰富，如国礼常体现国家文化，商务礼品则蕴涵企业文化等。

此类文创产品通常为中高端产品，具有很强的象征含义，国礼级别产品一般具有唯一性、不可复制性。馈赠型礼品文创设计示例如图 3-122 所示。

图 3-122

## （四）基于产品的功能分类

产品开发种类多样、功能众多，如博物馆在针对产品研发部分会着手于销售、礼品馈赠、公关及活动宣传等市场需求，以供消费者广泛选择。文化创意产品以功能面来区分，包括生活实用类（服饰、饰品、文具、生活居家、食品）、工艺品类（装饰性工艺品、实用性工艺品）等。

由于产品种类繁多，以往的产品大多同质化严重，而在新时代，消费观趋向于个性化、差异化。因此，在设计产品时可以增加与以往产品不同的功能，而且还要具有创意元素和明确的文化内涵。

## 四、文创产品开发的典型范式

## （一）地域文化驱动的文创开发

### 1.地域文化资源的界定与选择

地域文化是指在特定地区范围内，经过相当长的历史融合而形成（或约定俗成）的有典型特色和符号体系的精神资源的总和。在针对特定主题的文创开发中，地域文化对创意的产生、深化有直接的推动作用，在后期传播中因为地域文化有语境体系，使主题能被更好地认知和接受，因此便于后续情感的延伸和二次传播。

地域文化元素丰富，形态各异，只有部分承载着与主题相关联的信息。文创产品最终要实体化、视觉化，所以要先挑选那些符号感强的、形态明确的典型地域文化元素。

### 2.地域文化驱动的创意模式

我们在围绕某一主题的文创产品开发过程中，通常会借用与该主题紧密关联的典型地域文化符号，通过特定主题与典型符号的碰撞、激变，更容易产生全新的创意。这种创意经认证评估后形成文创产品，通过受众分享、传播，可以形成文化时尚、文化热点和文化潮流。这些潮流进入主流机构后会赢得广泛的支持，从而驱动文创产业的良性发展。地域文化驱动的创意——四川方言红包，如图 3-123 所示。

图 3-123

## （二）经典内容驱动的文创开发

### 1. 经典主题内容的认识

这里所指的经典主题内容，主要是指人类文化史上已经被广泛认同的高度集中的代表性文化主题，包括经典名著、经典艺术作品、家喻户晓的典型形象、国家宝藏文物等。

### 2. 经典作品的意义和文化内涵

经典作品常常是全人类共有的形象记忆，可以激发出人性中高尚、美好的意念，蕴涵着深厚的文化情结。根据这些意念进行视觉化再现和文创产品转化，除了能深化对经典作品的认知、理解和情感激发，还具有一定的纪念意义。图 3-124 所示的经典文创作品就体现了经典内容驱动的创意模式。

图 3-124

## （三）非物质文化遗产产业驱动的文创开发

### 1. 非物质文化遗产文创的优势

（1）非物质文化遗产是人类美好而永久的文化记忆，其文化情感有广泛的受众群体。

（2）非物质文化遗产是中华民族的必识文化，易得到政府的扶持和推广。

（3）非物质文化遗产产业的原创原生特点：加工制作产业化、集市化，便于制作并产生经济效益。

### 2. 非物质文化遗产文创的模式

（1）以原有的形式感表达时尚的主题，如图 3-125 所示。

图 3-125

（2）嫁接（跨界）。当然，文创产品开发还可以借助整合营销驱动创意、消费者热议、网络众筹驱动等多种创意驱动模式，图 3-126 所示为其中一种创意驱动模式。

图 3-126

## 五、文创产品的设计流程

### （一）寻找亮点故事

　　头脑风暴，充分发散思维，联想一切自己感兴趣或好玩、有意思的文化元素。畅所欲言，从不同角度、不同层次、不同方位大胆地展开想象，尽可能标新立异、与众不同，如图 3-127 所示。

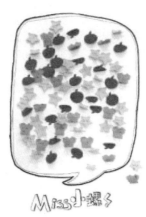

图 3-127

### （二）明确设计理念

　　根据头脑风暴的结果，探寻其中的内在分类，去掉不可实现或不可进行的创意点，如图 3-128 所示。

图 3-128

## （三）思考设计载体

将设计理念或创新点运用到合适的载体上，常用的文创设计载体一般分类如下。

（1）文具用品。如本、笔、橡皮、圆规、直尺、镇纸、笔筒、书签、放大镜、书籍、贺卡、明信片、书架等。

（2）生活用品。如火柴、蜡烛、扇子、马扎、梳子、镜子、脸盆、水杯、手电、粘钩、针线、雨伞、餐具、机械类纪念手表、万年历、闹钟等。

（3）电子产品。如触控笔、电子表、音响、鼠标、播放器、手机等。

（4）纪念品。如钥匙扣、纪念币、纪念章、书签、画册等。

（5）文娱产品。如玩具、篮球、足球、羽毛球、羽毛球球拍等。

## （四）提炼设计特征

提炼设计特征的方法有以下几种。

（1）提炼和概括，即以减法的方式，删除繁复的、非本质的部分，保留和完善最具有典型意义的部分，如图 3-129 所示。

图 3-129

（2）变异修饰：变形、变色、变式、变意。变异修饰的典型示例——田中一光的海报，如图 3-130 所示。

图 3-130

（3）打散再构，主要分为原形分解、移动位置和切除，如图 3-131 所示。

①原形分解：将原形组织分解后，重新组合。

②移动位置：打散原形组织的结构形式，移动后重新排列。

③切除：选择美的部分或从美的角度切分，保留最具特征的部分。

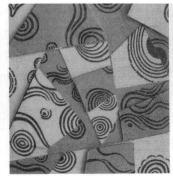

图 3-131

（4）借形开新，即借助一个独特的外形或具有典型意义的样式进行新图形的塑造，如图 3-132 所示。

图 3-132

（5）异形同构，其实质是一种组合方式，组合元素可以不断变换，也可以不断配对重组，促使新图形产生，如图 3-133 所示。异形同构的方式主要有异型同构、图文同构和中西文同构。

（6）承色异彩，即借鉴传统色彩的配色方式进行设计，或打破传统色彩的局限对局部色彩予以变换，如图 3-134 所示。

图 3-133　　　　　　　　　　　　图 3-134

## （五）开展设计探索

开展设计探索包括绘制文创产品概念草图和文创产品建模效果图。

### 1. 绘制文创产品概念草图

文创产品概念草图是设计师对造型的整体感知和最初的思考方向，它是设计师表达概念想法的最简单的草图，是一种比较简化的图形表达方式，如图 3-135 所示。一般情况下，文创产品概念草图是概念形成过程中思维的完整体现，绘制文创产品概念草图的内涵是设计师通过草图的形式展开创意思维，研究形态的演变过程，对产品形态进行创新。设计师在最初思考多种造型设计的方向时，需要迅速捕捉头脑中潜意识的设计形态构思，无须过多考虑细部造型处理、色彩、结构、质感等细节。因此，在表现技法和材料的选择上没有特别要求，使用铅笔、圆珠笔、签字笔、马克笔均可。

图 3-135

### 2. 制作文创产品建模效果图

文创产品建模效果图应能清晰、准确地表达产品的造型、色彩、结构、材质甚至功能。在经过对诸多草图方案及方案变体的初步评价与筛选之后，提出或选出的几个可行性较强的方案需要在更严格的限制条件下进行深化。这时候，设计师必须严谨、理性地综合考虑各种具体的制约因素，其中包括比例尺度。在现今的产品设计中，借助各种二维绘图软件、数位绘图板、计算机辅助设计建模工具对产品进行设计是较常见的。计算机辅助设计具有手绘代替不了的优势，它能够有效地传达设计预想的真实效果，为下一步进行研讨与实体产品制作奠定基础。

（1）计算机建模。计算机建模是一个使平面化表达变成立体化表达的过程，它可以更加直观地表达设计师的创意。建模过程也是一个调整的过程，在草图设计中，尺寸概念很模糊，难免会有一些出入，建模时可以根据参数进行调整，完善产品的合理性和完整性。

在建模的整个过程中，细节处理也相当重要。产品的细节表现得越丰富，越能展现产品的真实性，如边缘的一个小倒角、壳体之间的装饰缝、小图标等（见图 3-136）。

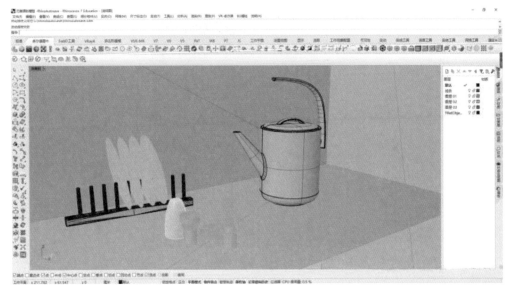

图 3-136

（2）文创产品的渲染。有一个说法是"三分设计，七分渲染"，当然这种说法不太全面、客观，但在一定程度上说明了真实的渲染效果具有很强的说服力。产品的渲染可以使作品看起来更完整，更接近商业水准。渲染出来的产品一定要像一个真实的产品，目的是让客户感觉到它的真实存在。

文创产品的渲染有 3 个要素：光影（表现产品的细节）、材质（表现产品的质感）、色彩（表现产品的层次）。在渲染的过程中，一定要掌握和领悟这 3 个要素，不厌其烦地调整并反复尝试，以得到最佳的渲染效果（见图 3-137）。

图 3-137

（3）文创产品的效果图处理。效果图处理这一步是为了弥补渲染效果的不足。在渲染的过程中，产品的细节和渲染的三要素（光影、材质、色彩）不可能做到尽善尽美，因此需要用平面软件进行完善，一般会使用 Photoshop 进行处理，如增添标志、优化肌理效果等（见图 3-138）。

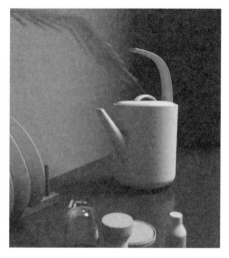

图 3-138

# 六、设计实践与优秀案例

全国各类文创设计大赛优秀获奖作品展示。

（1）作品《茶楼鼓语》（见图 3-139）。

在中国少数民族的建筑中，侗族村寨具有非常鲜明的特征，鼓楼、吊脚楼、风雨桥、池塘、小溪等都会给去过侗乡的人留下深刻印象。这件作品将侗寨建筑转化为茶具组合，在器物造型、色彩、装饰等方面，汲取了侗族文化元素，作品名称与器物造型突出"鼓楼"，强化了文化特征。

图 3-139

（2）作品《马背上的世界——教育类木质玩具设计》（见图 3-140）。

该作品以蒙古草原民族的人物与服饰为主题，以装饰抽象的立体造型方法，高度概括、夸张凝练了人物的体态和服饰独有的特征，表现了蒙古族四口之家鲜明的个性、丰盈的体态，民族特色浓郁，木质材料及颜色的选择更增添了马背世界阔达雄浑的意境。如补充延展木偶玩具辅助的不同场景配件，设计开放益智的场景模式，对传播蒙古民族风情、提升儿童对多民族文化的认知更有帮助。

图 3-140

（3）作品《玉猪龙小夜灯》（见图 3-141）。

这件作品取材于红山文化玉猪龙，它提取了玉猪龙的造型元素，与现代设计理念相结合，形成了一件优秀的文创作品。这件作品具备文创产品的两大重要功能：使用功能和审美功能。使用功能不言而喻，它是一款小夜灯；审美功能方面，这件作品简洁、时尚的外形，可以与现代室内环境相协调，形成有机的整体，因此它具备和谐之美。如果将手控感应开关改为更智能化的人体感应光控，对于夜晚起夜的人来说，使用起来会更加便捷。未来的文创产品一定要与高科技相结合，这样才会有更为广阔的市场前景。

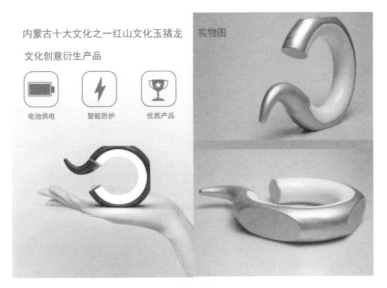

图 3-141

（4）作品《临高渔味·调味罐》（见图 3-142）。

图 3-142

（5）作品《黎风拾锦珐琅彩套杯》（见图 3-143～图 3-145）。

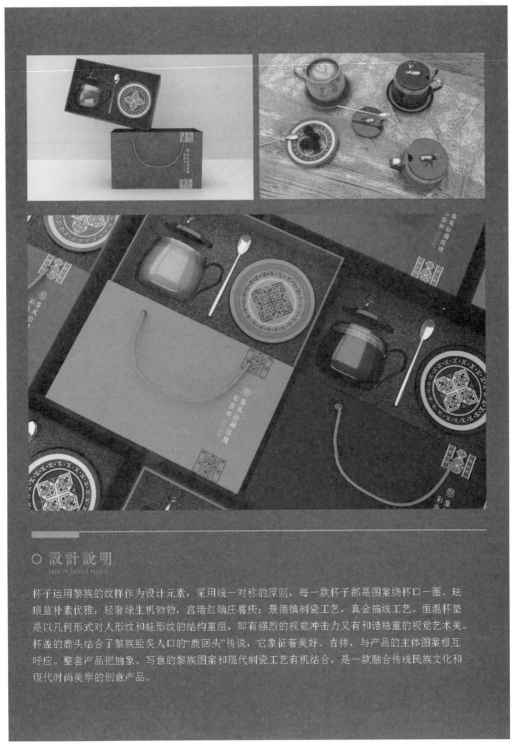

○ 設計說明
SHE JI SHUO MING

杯子运用黎族的纹样作为设计元素，采用统一对称的原则，每一款杯子都是图案绕杯口一圈。珐琅蓝朴素优雅，轻奢绿生机勃勃，宫墙红端庄喜庆；景德镇制瓷工艺，真金描线工艺。恒温杯垫是以几何形式对人形纹和蛙形纹的结构重组，即有强烈的视觉冲击力又有和谐稳重的视觉艺术美。杯盖的鹿头结合了黎族脍炙人口的"鹿回头"传说，它象征着美好、吉祥，与产品的主体图案相互呼应。整套产品把抽象、写意的黎族图案和现代制瓷工艺有机结合，是一款融合传统民族文化和现代时尚美学的创意产品。

图 3-143

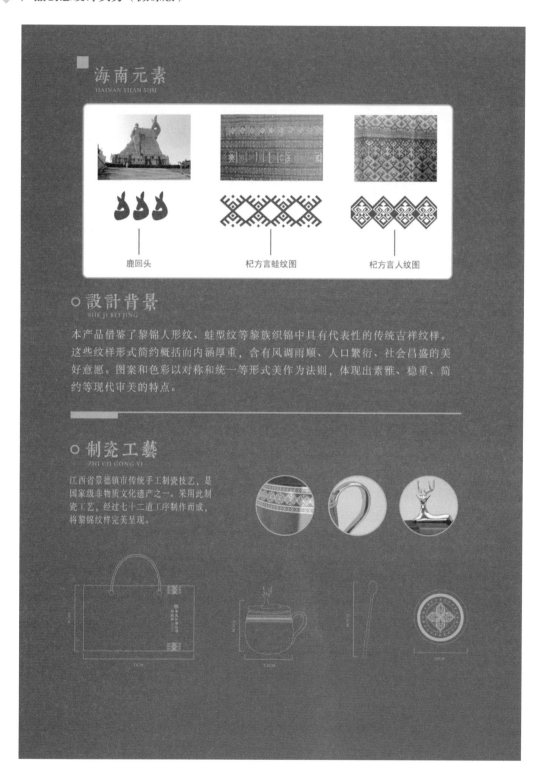

图 3-144

图 3-145

（6）作品《塔食——中华塔式建筑文创餐具》（见图3-146）。

图 3-146

（7）作品《静渊×敦煌画院文创设计"花享容"》（见图3-147）。

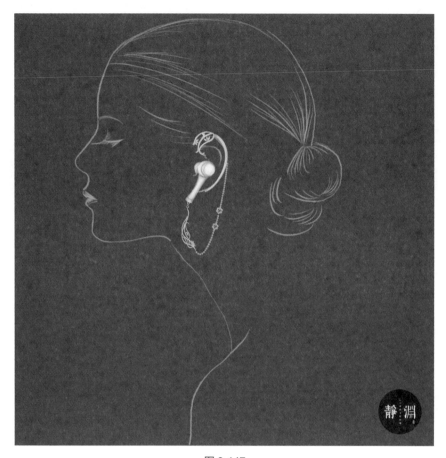

图 3-147

（8）作品《珐琅彩复古手炉》（见图3-148）。

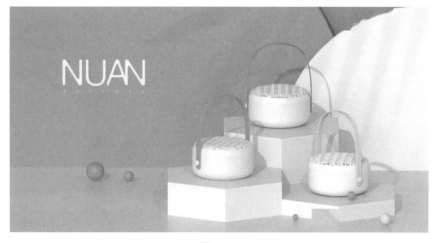

图 3-148

（9）作品《黄鹤楼创意纸灯设计》（见图 3-149）。

图 3-149

（10）作品《盘扣延伸文具设计》（见图 3-150 ～图 3-154）。

盘扣只能用在服饰上吗？盘扣是一种固定方式，而固定方式可以有很多种，如夹、绕、钉、套、扣。围绕这些动词可以重新定义不同的单品。运用在日常办公上能让我们在传承盘扣技艺的同时传达盘扣的古典情怀，温暖我们日常的办公生活。

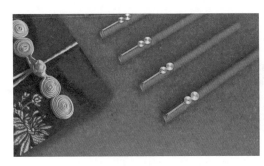

图 3-150

图 3-151

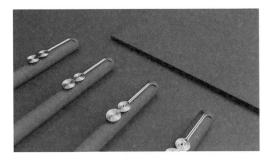

图 3-152

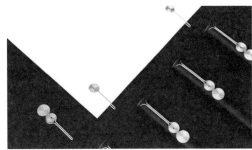

图 3-153

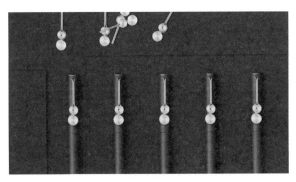

图 3-154

# 第六节　计算机辅助创意设计

## 一、计算机辅助创意设计的作用

数字技术的飞速发展给工业设计带来了革命性的变化，计算机技术的出现给工业设计提供了一个崭新的创作环境。计算机技术的应用提高了创意设计中从设计到生产制造所需的时间。产品设计的整个工作流程一般包括接受项目、制订计划、调研市场、提出概念、设计构思、选定方案、优化方案、深入设计、制作模型、制作样机、展示设计、综合评价。在整个过程中，从设计构思到综合评价都应用了计算机辅助创意设计，采用计算机技术设计的数字模型可以输出数据直接进行快速成型制造，从而减少许多来回繁复的设计过程，缩短产品研发周期，使产品的表现力与市场竞争力明显增强。

## 二、表现软件的作用与选择

目前，在公司与企业中运用比较广泛的产品创意设计辅助软件是二维表现软件和三维表现软件。下面分别介绍两类软件在产品创意设计中的作用，并对常见软件进行介绍与分析。

### （一）二维表现软件的作用与选择

对于造型比较规整的产品，如办公用品、家电类产品，可以使用二维表现软件进行产品效果图的展示。常用的二维表现软件又分为两种：第一种是矢量软件，如 Adobe Illustrator（见图 3-155），它可以画一些平面图像既丰富又有尺寸要求的产品，如线圈本等一些文具类产品（见图 3-156）；另一种是图像软件，如 Photoshop（见图 3-157），这类软件在产品质感的表现上效果会更突出，如图 3-158 ～ 图 3-161 所示。对于产品创意设计来说，可根据产品主题来选择合适的表现软件，以此来完成项目开发的任务。

在手绘创意阶段完成后，设计师可以用二维表现软件进行规整以完成效果表现，二维表现软件的优势是方便修改产品造型，能快速绘制不同的产品造型并进行推敲。相比三维表现软件，二维表现软件在设计前期完成效果图所花费的时间更短，同时，二维表现软件的材质表现效果也非常突出，甚至可以与三维表现软件渲染的效果图相媲美。例如，对于造型比较规整的产品设计项目，在概念设计时可采用 Photoshop 进行造型推敲，然后再选取合适的方案进行效果图表现，最后等产品造型确定后，可直接进入工程设计阶段。

图 3-155

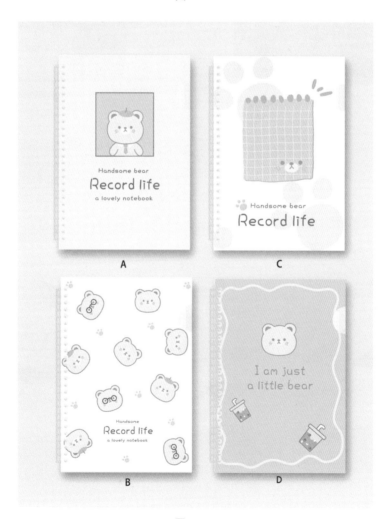

图 3-156

图 3-157

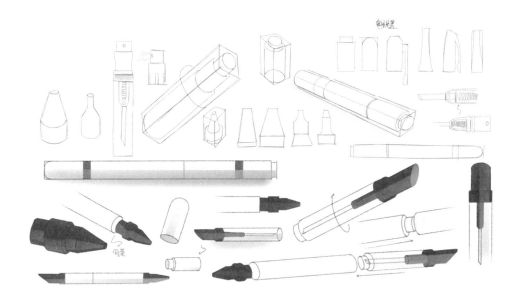

图 3-158

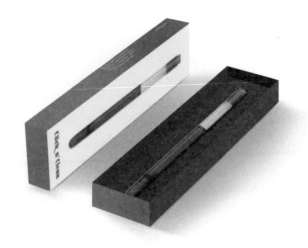

图 3-159

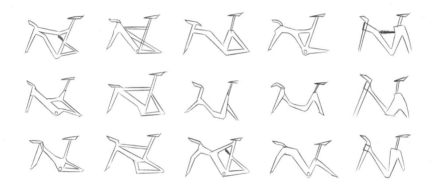

图 3-160

图 3-161

## （二）三维表现软件的作用与选择

在产品创意设计中，三维表现软件的造型与效果表现是产品造型设计最后呈现的效果。一方面，通过软件进行造型与效果表现，能够将产品设计的创意以最接近实物的方式呈现出来，相比制作模型来说，时间成本和资金成本更低；另一方面，在产品结构与模具等工程设计的起始阶段，通过三维表现软件的造型与效果表现所定义好的产品形态、尺寸、色彩、材质等都将在后续工程设计阶段进行落实与完善。

三维表现软件一般包含三维设计软件和渲染软件两类。

常见的三维设计软件可以分为两类：一类是擅长曲面设计的曲面设计软件，在设计领域最常用的就是犀牛软件（Rhinoceros，简称 Rhino），如图 3-162 所示。它是由美国 Robert McNeel 公司研发的一款基于 NURBS 造型方法的三维建模软件，是产品设计专业学生进行产品外观设计时常用的软件，也是多数产品设计师经常使用的软件。这款曲面设计软件的模块易于使用与操作，其建模数据能够用于手板模型、3D 打印与工程设计，所以在设计公司与企业中使用广泛。

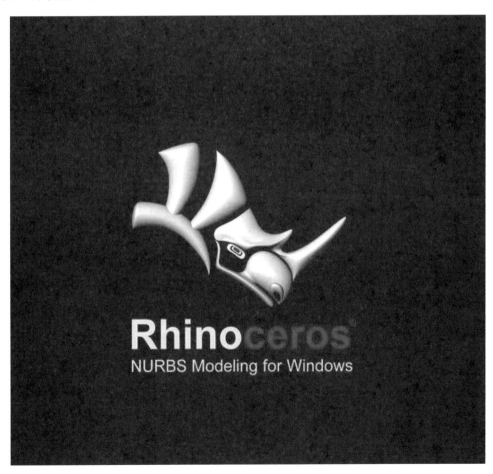

图 3-162

另一类是工程设计软件，设计师常用的设计软件有 PTC 公司的 Creo，如图 3-163 所示；Siemens PLM Software 公司的 UG，如图 3-164 所示。这一类软件主要用于产品结构设计、模具设计、钣金设计等工程设计与制造领域，尤其在数字化特征建模方面功能非常强大。当曲面设计软件的数据进入工程软件时，往往会出现模型破面、数据调整等问题，但是使用工程设计软件，设计师可以随时将所做的修改调整到整个设计中，工程设计软件还可以自动更新零件、组件、工程图等所有相关的文件，保证资料的正确，避免反复修改浪费时间，这都可以使其与工程师的协作设计更加顺畅。

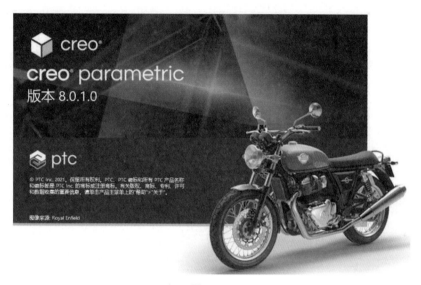

图 3-163

图 3-164

在 3C 产业中，大多数公司都使用 Creo。因为这类产品的特点是生命周期短，所以就以配合制造和容易修改为首要考虑因素，Creo 则完全符合这两项要求。但在纯产品设计公司中，Rhino 的使用较为普遍，这是因为设计公司要求软件能快速表现设计方案，而 Rhino 在快速表现设计方案方面有着其他软件所不及的能力。无论是设计公司，还是企业内部的设计师，在进行产品外观设计时，在前期创意阶段要快速准确地表达出自己的想法。因此，在前期创意阶段应用软件要以快速造型为目的；在方案确定深入设计时，则要考虑生产工艺、结构等众多因素，到那时应用软件要以工程生产为目的。

常见的渲染软件有两类：一类是图像渲染软件，如 V·Ray（见图 3-165），它可以作为插件内置于犀牛软件中，其优点是设置简单、渲染速度快、兼容性好等。

图 3-165

另一类是即时性渲染软件，目前使用比较广泛的就是 KeyShot 软件（见图 3-166），这是一款互动性光纤追踪与全光域渲染软件，它的最大优点就是无须复杂的设定即可产生如照片一样真实的渲染效果。

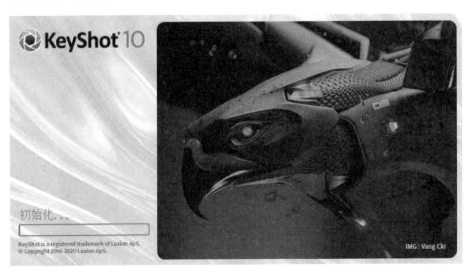

图 3-166

## 三、软件学习注意事项

许多设计初学者在学习软件时，常常都会陷入这样的困境：虽然学会了许多操作命令，但是在做设计时还是不知道如何下手。其实，学习软件的目的是应用，是通过计算机软件的辅助表达我们的设计想法，而不只是简单地掌握软件的命令和技术。软件和画画时手中的笔一样，都是表达设计创意的工具，真正要掌握的是设计思维。通过软件学习案例，不单要学习表面的操作命令，还要学会思考案例中体现的设计思维，洞察产品需求，培养解决问题的能力。熟练掌握软件的使用可以使设计师的"手"灵巧起来，更加无障碍地表达思考的创意。

## 四、计算机辅助创意设计案例——被子扣创意设计

被子扣创意设计过程展示如下。

### 1. 确定设计定位

基于对市面上已有的被子扣的调查，设计师将该款被子扣定位于对睡眠要求较高的成年的家庭成员；产品造型整体采用圆润、可爱的风格，配色以蓝白和粉白为主，材料选用塑料，增加了双锁开关和挥发片功能，提升了用户体验。

### 2. 绘制产品概念设计草图

根据确定的设计定位绘制概念设计草图，从固定的内部结构出发，思考造型设计方案的多种可能性，该款被子扣的设计草图以圆润、可爱的卡通造型为主，如图 3-167 所示。

图 3-167

### 3. 二维效果图设计

通过二维效果图的绘制，将尺寸、比例、形态、颜色确定下来，如图 3-168 所示。

### 4.三维效果图设计

这款被子扣以河豚为原型设计出了圆润、可爱的造型（见图 3-169），增加了插槽，可插入香薰片、螨虫片、驱蚊片等，增加了产品的使用功能。在结构上采用双锁结构，大大提高了产品的安全性。

图 3-168

图 3-169

## 五、计算机辅助创意设计训练案例

蓝牙音箱计算机辅助创意设计训练案例和榨汁机建模案例拓展，大家可以扫描右侧的二维码进行学习。

扫一扫

扫一扫

# ◆ 第七节　产品创新与改良设计

## 一、全维度设计观

设计是一门复杂的交叉学科，涉及各个门类的知识内容，学习产品设计的学生可能要学习人机工程学、机械制图、材料工艺等诸多不同学科的课程。不同的群体对设计的理解也有所不同：学生常常将设计理解为一个新的想法，学校老师常常把设计当作一门可以研究的学问，民营企业家则把设计当作一种提升产品销量的手段，而 500 强企业把设计当作一种研究用户需求的特定方法。

在了解具体的产品设计之前要先建立全维度的设计观，试着思考一下设计与各种因素相结合时会表现出什么样的特征。我们可以用"设计 vs××"的方式来阐述，了解设计与商业、需求、美学、技术的关系，以便建立全维度的设计观（见图 3-170）。

图 3-170

### 1. 设计 vs 商业

设计 vs 商业，即设计在商业环境里呈现什么样的概念、特征。

产品从进入市场，会呈现"导入—成长—成熟—衰退"几个周期，设计在不同的生命周期所呈现的特征是不同的（见图 3-171）。经常有企业需要设计服务，但是对于他们想要什么样的设计，可能连他们自己也不是很清楚，这时，借助产品生命周期来给产品做定位，就是一个非常有效的方法。例如，在产品的导入期对产品的定位主要是技术，尤其像手机这样的产品，在设计时主要是呈现它的技术特征，但呈现面貌相对保守，比如曾经非常火爆的"大哥大"在操作上追求的主要是稳定感。到了产品的成长期，随着竞争的加剧，产品呈现多样化的特征，企业必须根据用户的不同市场需求做出具体的处理。产品发展到成熟期后，表现出个性化的特点，如现在的手机必须根据不同的用户群进行细分——女性手机、男性手机、商务手机、老人手机。个性化一定是在产品成熟期体现出来的，如果说在导入期或成长期就对产品做了个性化改变，那么这一定是超前于市场需求的，这样在商业中往往不会取得很好的效益。产品再往后到了衰退期，通常是

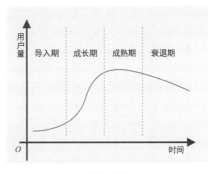

图 3-171

做加法设计或减法设计，如 MP3 产品。加法设计就是对产品附加更多的功能来提升其价值，减法设计就是简化产品的功能，使成本降低，效益增加。所以，设计这个概念在与商业结合、与产品生命周期结合时，会呈现不同的面貌。

某些中小型企业的老板在过去都是模仿别人，即什么好卖开发什么。而现在，他们非常主动地去创新，要求好的设计，这应该归功于良好的市场环境和市场竞争。

其实，现在很多产品在技术上已经相对成熟，很难做出大的改变，这时候就需要设计出具有创造性的产品。例如，家用洗车机产品，它拥有成熟的技术核心器件，在市面上可以找到各种品牌的洗车机（见图 3-172），但是它们拥有司空见惯的工具类配色（颜色搭配），又很难区分是哪个品牌的产品。这时候以洁净的白、灰搭配来重新定义产品（见图 3-173），

为产品创造新的卖点，使洗车机成为家用电器，不再只是牢固坚硬的工具，从而带来不错的收益。这时的设计就不是以人为中心了（毕竟白色的洗车机不耐脏），而是以创造商业卖点为中心，这就是商业化的设计。

图 3-172

图 3-173

## 2. 设计 vs 需求

规模大的企业在做一些产品的时候，不是只做产品本身，还做需求。飞利浦每年有两季创新大会，包括公司的 CEO（Chief Executive Officer，首席执行官）和全球管理委员会在内的高层人员都会参加研究中心人员所做的汇报演示。在演示的时候，研究中心人员谈的不是产品，也不是技术，过去比较强调技术，现在他们谈的一定是需求，对于所有的产品他们都会讲一个故事，如一款叫"Paperlight"——看书灯的产品，它的故事是这样的："我是一位商务人士，每天睡觉前都要看一会儿书，我发现看书的时候总会影响我爱人休息，因此，我希望能有一款产品既能照亮书本，又不会妨碍其他人休息。"后来，飞利浦基于这样的需求做了一款导光板的产品——一个手柄上面点了几只 LED 灯，前面是一个导光片，整个导光片会发亮，在使用的时候将导光板放在书本上，那么这页书就是亮的，这样就非常好地解决了这个问题。所以说产品只是一个满足需求的载体。

### 3. 设计 vs 美学

"艺术审美标准"和"设计审美标准"一直是容易混淆的两个概念，对参加艺术类高考的学生而言，他们过去都画过画，学过美术。从这些学生决定学设计的那一刻起，要做的第一件事就是从"艺术审美标准"向"设计审美标准"进行转变。"艺术审美"传递的是个人的感受，即使是写生石膏、静物，也在画面中加入了自己的主观观察。而一般的设计师表达的不是个人的观点，而是用户的观点和企业的观点。设计师表达的应该是群体的审美要求，而且设计师必须站在用户的立场上。所以，大家在阐述自己的设计时，不能讲"我喜欢，所以我认为是好的"，一定要站在用户的立场上思考问题。素描画得好，不一定草图就画好；水粉画得好，不一定配色就配得好；这就是"艺术审美标准"与"设计审美标准"的区别。

### 4. 设计 vs 技术

一提到技术，大家可能觉得很专业，事实上，在和企业的配合当中你会发现技术是一门非常重要的与企业沟通的语言，因为一些工程师和企业老板可能不理解设计，但是他们对市场和产品技术是非常理解的，所以设计师只有懂得了技术才能和他们顺畅地沟通，才能在设计上很好地引导他们。我们通常可以把技术分成两类：一类是工艺，另一类是技术。工艺是指除了机器内部的主板电路、显示屏等核心器件，外部的壳的加工工艺手段，这是我们必须掌握的。在这里，我们主要了解一下加工工艺，加工工艺可以分成成型工艺、材料及其加工工艺、表面处理三类。

（1）成型工艺。

拿出我们的手机，大家会发现它的壳是注塑的，是用粒料加热，然后注进型腔，最后固化成型的；我们还会发现我们的门窗截面是一样的，它们是经过加热后挤压拉伸出来的，叫作型材；我们认为按摩椅侧扶板的开模具很贵，其实它的模具非常便宜，因为是吹塑成型的；再比如医疗器材的壳，它们非常大，到底是怎么做的呢？后来我们发现它是吸塑成型的，开的不是钢模，而是环氧树脂的模。所以成型工艺是非常重要的，我们在学习时要理解小的产品、大的产品、中等的产品，金属的、塑料的、木质的产品大概都是如何生产出来的，要不断地积累这方面的知识。一个经验丰富的设计师，应该在看到一种创新后就把它积累起来。不同的成型工艺会展现不同的形式，如注塑成型工艺的产品要有分模线，要考虑拔模角度，如果有滑块就会增加成本。

（2）材料及其加工工艺。

我们在学校有可能接触到的材料是木材、陶瓷、金属等，其实在商业设计上对材料的应用已经非常精细化了，比如 iPod，为什么它的造型给人的感觉很新颖？因为它采用了很多新的材料和工艺，如方倒角、铝拉伸、阳极氧化处理等，高亮的壳用的是瓷白塑料做内喷漆或表面涂装。

扫一扫

（3）表面处理。

每款手机都涉及很多表面处理方法，如 Logo 是怎么印上去的？可能是丝印的、移印的、IMD（In Mold Decoration，膜内装饰技术）注塑模内热转印的，也可能是磨砂的。

工艺是设计师必须掌握的，而技术只需要设计师了解，如蓝牙技术和很多手机技术。常有企业因为抓住了某项技术变革的契机而一下子发展起来了，如一些手机企业就是抓住了音乐手机和摄像手机的发展趋势才发展起来的。所以，必须抓住技术变革的节奏，了解过去、现在和将来的技术趋势，只有这样，才能站在一定高度上进行设计。

## 二、产品创新与改良

### 1. 产品创新

产品创新即在全维度设计观下，对产品的各个方面进行细化与剖析，再站在宏观的角度上进行构架、规划和设计。

产品创新既不是只对产品实用功能的研究，也不是只顾产品外观美的设计，而是在商业、用户需求、美学、技术等方面找到突破点，创造出新的产品。产品创新具有明确的目的性，但最终目的是产品合乎用户需求和商业目标。

### 2. 产品改良

产品改良即在保持原有产品生产工艺和功能基本不变的前提下，在外观造型、功能等方面进行升级换代，对产品的局部做适当的调整，使产品更加适应用户的生活需要，更便于产品的生产和销售。

我们应当对现有的产品进行再设计和系列规划，以使产品在更新换代后更加符合用户和市场的需求。产品创新设计和产品改良设计的区别，如图 3-174 所示。

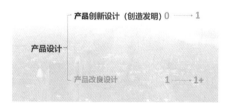

图 3-174

### 3. 产品设计开发的流程

不论是产品创新还是产品改良，在产品的实际设计开发流程中都要经历市场机会、用户研究、品牌创建、产品线规划、原型机开发与专利申请、成本核算、资源与渠道匹配、团队实力、项目规划与周期等过程（见图 3-175）。

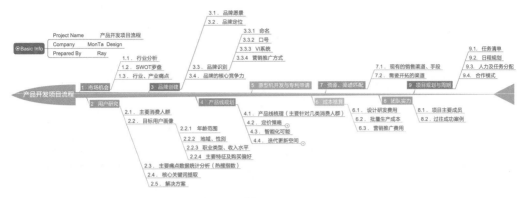

图 3-175

## 4. 产品设计师的"个人成分"能力

1）产品设计师的"个人成分"

产品设计师需要的不是死板的知识，而是多学科的文化素养、合理的知识结构。国外对设计师应具备的能力和素养做了如下总结。

设计师应是：（1）30%的科学家——要了解科学技术的发展。

（2）30%的艺术家——要有好的审美能力。

（3）10%的诗人——要有创造的激情。

（4）10%的商人——要了解商业的需要。

（5）10%的事业家——要把设计当作一生的事业。

（6）10%的推销员——要了解用户的心理和需要。

2）产品设计师应具备的能力

（1）具备优秀的绘制草图和徒手作画的能力。

（2）具备很好的制作模型的能力。

（3）必须掌握一种绘图软件。

（4）至少能使用一种三维造型软件。

（5）二维绘图能力方面能够独当一面。

（6）在形态方面具有很好的鉴赏力。

（7）对正负空间的架构有敏锐的感受能力。

（8）拿出的设计图样从流畅的草图到细致的刻画，再到三维渲染一应俱全。

（9）对产品从设计制造到走向市场的全过程应有足够的了解。

（10）在设计流程的时间安排上要十分精确。

## 三、产品设计——创新思维方法

### 1. 系统的思维方法

我们在面对一个产品时，如何思考问题呢？比如现在要设计一款手机，大部分设计师可能就开始思考了。这里介绍一款系统的分析方法，学习这套方法可以让我们找到设计的闪光点，然后将这些闪光点作用于你的设计中。这个方法就是"人——用户动机——需求分析"（见图 3-176）。例如，有一个小的课题：设计一个街道旁边装废弃物的容器。可能大家会想：那不就是一个垃圾桶吗？有的可能是金属材质的，有的可能是石材的，等等。这都不是问题，只是一些零散的思维习惯。那么，就这个案例而言，我们如何通过系统的思维方法进行分析呢？

图 3-176

首先，要考虑的是人。与垃圾桶发生关联的人有哪几类？经分析，第一类是街道上使用垃圾桶的人，第二类是维修、维护垃圾桶的人，第三类是生产制造垃圾桶的人。这是大的区分，使用者又可以细分为几类，如可以按照年龄层次分，分成不同的年龄层；或按照行为方式区分，有些人可能是走近垃圾桶后把垃圾放进去的，而有些人可能是站在远处把垃圾扔过去的，甚至可能还会有人踢垃圾桶。这里可以有很多种分类方式，那么维护者和制造者的诉求又是什么呢？比如需要便捷地打开盖子、清理垃圾以控制制造成本等。所以，我们首先要考虑"人"的因素，并将人群进行细分。

其次，要考虑的是产品将来所处的环境，如为南京路和长安路各设计一个垃圾桶，设计得完全一样就会出现问题。环境可以分为大环境、中环境、小环境等。大环境更多的是指宏观上的环境，如东西方用户习惯的差异、不同城市地域的差异。小环境更多的是指微观上的环境，比如街道旁的垃圾桶与居民区的、旅游区的垃圾桶会有所不同；街道旁的垃圾投放量一般比较小，多是一些雪糕棍、塑料袋等，这就需要容积不大的垃圾桶，但数量要多、分布要广；而居民区则需要较大的垃圾桶。小的垃圾桶和大的垃圾桶的区别只是产品体现出的表象，其背后一定是由需求决定的。此外，还有产品与环境的结合，它周边的环境是现代化的环境还是古典的环境？垃圾桶的设计要能融入环境中。因此，这个"环境"一方面是指环境对产品的要求，另一方面是指产品与环境的协调关系。

以上是"人"和"环境"两个方面，这两个方面围绕着"需求"可以产生很多细分领域。综合各个要素，再加上它的制造工艺和实现技术，就是一个产品实现的系统方法。有句话可以概括这个过程，"超以象外，得其环中"，意思就是我们在研究一个产品本身时，会受到它本身的局限，我们必须分析超乎所研究产品本身之外的东西，才能为这个产品做出更好的设计。

### 2. 组合设计

设计师的工作在很多情况下并不是创造性的，有时候很难创造出一个别人没有的概念和形式，但是当我们见过很多产品的时候，就会发现在什么产品上出现了什么样的符号和语言，所以有时候设计是一种相互组合。例如要设计一款像保时捷或凯迪拉克一样的手机，实际上，设计师所做的工作就是把它们的概念提取出来再进行转化的过程。所以，通常的做法是从某类产品、形象或物体概念中提取元素并运用到设计中。比如仿生设计，有时候我们在想为什么要做仿生设计，可能因为自然界存在的物体是合理的，所以要提取它的元素。另外，从产品入手并寻找某类产品的特点元素是什么，如做苹果概念的音响，铝拉伸、方倒角、二次注塑的特点会在新产品中得以延续。另外还包括形象，比如要为诺基亚或迪士尼做产品，就要从这些品牌形象中提取形象或符号。

## 四、产品创新与改良设计实践案例

踏步器功能压筋板设计案例。设计初稿如图 3-177 ～图 3-182 所示。

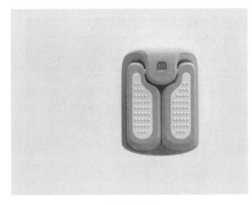

图 3-177

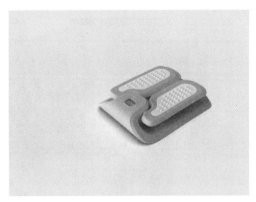

图 3-178

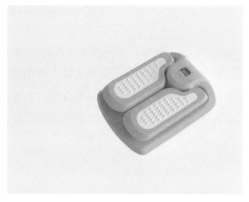

图 3-179

图 3-180

图 3-181

图 3-182

优化设计稿功能、外观打样如图 3-183 所示。

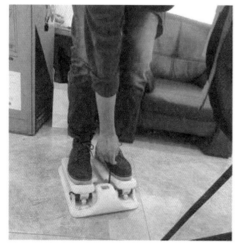
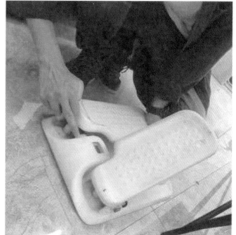

图 3-183

# 第四章

# 产品创意包装设计

## ◆ 第一节　包装设计的视觉元素

包装设计是对产品特性和消费者心理的综合反应，直接影响消费者的购买欲望。包装设计也可以称为形体设计，"包"是指对产品的精细包裹，"装"是指产品的装设，包装表现为视觉形式美，既能保证产品的安全性，又能带来视觉美感，还具有适当的经济性。包装设计要根据产品的个性特征，准确定位产品，很好地体现企业形象（见图 4-1）。

图 4-1

### 一、包装设计的视觉元素介绍

包装设计的视觉元素包括商标设计、图形设计、文字设计、色彩设计。其中，商标设计分为文字商标、图形商标、图文结合的商标；图形设计分为具象图形、抽象图形；文字设计主要传递产品信息，进行思想感情的交流；色彩设计能够美化包装形象，可以更好地突出产品的特性。

一个好的包装设计需要达到 3 种效果：远效果——醒目，近效果——引人入胜，久效果——令人印象深刻。

与此同时，好的包装设计又需要满足以下 5 个要求。

（1）货架印象。好的设计可以使货架上的商品起到吸引消费者的作用。

（2）易读性。包装上的文字要清晰易读，产品说明要简单直接，一目了然。

（3）图形。图形要美观大方、寓意性强且富有艺术性。

（4）商标。商标应简洁明了，能给消费者留下深刻印象。

（5）功能及特点说明。商品的特性、功能、注意事项等需要通过图文形式简单明了地表示出来。

扫一扫

包装满足上述 5 个要求的设计，会给消费者留下很好的印象，进而使消费者产生购买行为，图 4-2 所示为黄油曲奇包装图案。

图 4-2

## （一）商标设计

商标设计是企业品牌形象的定位和体现。商标设计体现在一种艺术手法的创造性上，它将文字、图形和色彩进行组合设计进而形成可见标志（见图 4-3），这种标志是商品信息传递的一种独特方式。

商标设计的特点有以下 3 个。

①独一无二。

②具有较强的视觉吸引力。

③可在识别商品方面起到很好的作用。

图 4-3

## （二）图形设计

在商品包装设计中，图形设计是创意表达的视觉语言，它会给人们带来充分的视觉享受和强烈的视觉冲击。包装上精美的图形可以增加产品对消费者的吸引力，进而引起消费者的购买欲望，同时又能以符号的形式传达商品所要表达的信息。

图形设计有以下 4 个特点。

①很强的表现力。

②强烈的视觉形式美感。

③具有形式美感和信息的双重表达功能。

④直观性表达。

在包装设计中，最常见的图形设计方法之一是用具象图形和抽象图形来表达。包装的最大目的是销售包装中的产品，让消费者知道他们买了什么，此时如果只是通过文字和色彩来表达，似乎缺乏真实感，因此，产品的优点往往通过写实、抽象、绘画和情感表达的方式来具体说明（见图 4-4）。为了达到真实感，具体的图形常通过摄影或插图等技巧来表现（见图 4-5 ～图 4-7）。

图 4-4

图 4-5

图 4-6

图 4-7

在抽象图形的设计中，设计师可以凭借图形冷静理性的强烈视觉印象，使商品在色彩丰富的包装中呈现独特的风格。用什么样的图形来表达，取决于消费群体的需求及商品的定位和特点。

商品包装不仅要在众多商品包装中脱颖而出，还要清楚地反映商品的内容。在食品、玻璃器皿、陶瓷制品、精美工艺品、玩具等方面，消费者越来越注重真实形象。消费者渴望通过包装一目了然地了解实际的商品形象。如果包装无法达到目的，商品将不会被消费者挑选出来，也就是说，如果包装的内容没有以适当的方式显示，商品将被忽略。

在现代国际市场上，越来越多的包装创意设计使用商业摄影，它顺应了国际市场自助销售的产生和发展，顺应了消费者了解产品真实形象的心理要求，顺应了社会化大规模工业生产的要求，它使包装的画面能够直观、快速、准确地反映内在物品，并使其形象、纹理和色彩达到完美，甚至超过原来的商品。现代技术和日益发展的电子制版印刷技术，为包装的视觉传达设计提供了比现实表达更高的条件，再加上巧妙的设计构思，商品的包装更具吸引力了。

## （三）文字设计

文字是记录、表达人与人之间的情感和沟通意念的基本符号，是最直接、最有效的视觉传达元素，通过大量的印刷，文字可将要传达的信息传播开来。因此，文字在包装设计上的运用是否得当，也就成了包装是否能达成促销目标的一大关键。

文字是经历长久的锤炼而演变出来的，其本身就具备了象形之美，蕴含艺术的气息，所以，如果包装设计师能善用文字，凭借文字的编排与变化、字体的灵活使用，就能做出绝佳的设计。文字是每个包装不可或缺的构成元素，所以包装设计师必须有明确的认识，那就是要做好包装，必先驾驭文字。如果想驾驭文字，设计师就要先对各种字体的特色有所了解，如此才能针对商品的特性，选择适当的字体。除了对现有字体的特色必须牢固掌握，设计师还应依据商品的特性，创造出新形态的字体，以吸引消费者的注意力，达到销售的目的。包装上的文字包括牌号品名、商品型号、规格、成分、数量、批号、用途、使用方法、生产单位、拼音或外文等，这些都是介绍商品、宣传商品不可缺少的重要部分。例如，化工、仪表、药品、食品、机械、文教用品就主要靠文字来辨认。

文字作为一种装饰手法在设计中有美化商品的作用，但要以表现商品特性为前提。文字的装饰处理手法与商品的巧妙结合，容易唤起消费者的共鸣、想象和记忆，让消费者感到别具一格（见图4-8）。根据商品的特性进行合情合理的设计，无论是结合其他形式还是单独使用文字，都能表现出包装的个性和各种新意。近年来，有不少把文字作为包装设计主题的作品也获得了成功，特别是土产、特色礼品一类的包装，这些作品用汉字书法做装潢，有的加上印章、古画，强烈地显示了我们的民族风格（见图4-9）。总而言之，我们应该充分调动文字装潢优美的功能来提高和丰富设计效果。

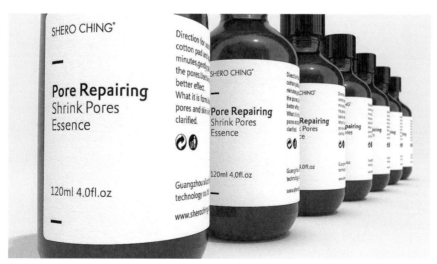

图 4-8

图 4-9

　　商品包装上的文字主要分为基础文字、信息文字和广告文字。基础文字主要是产品的名称和企业名称；信息文字包括产品成分、容量等；广告文字主要是一种艺术性的表达。商品包装上的文字主要有以下 3 个特点。

　　①能够对商品起到很好的促销作用。

　　②对商品的特性具有良好的表现作用。

　　③运用文字的表达来加强信息力度（见图 4-10）。

图 4-10

## （四）色彩设计

色彩可以直接刺激人们的视觉，使人们的情绪产生变化，间接影响人们的判断。因此，色彩成为影响包装设计成功与否的关键因素之一。

一件好的商品包装必须具备良好的视觉性，能捕捉消费者的注意力，如此一来无论是把商品摆在超市里还是把商品印刷在彩色广告上，一件好的包装都能起到很好的促销作用。所以，对设计师来说，如何应用色彩的特性来塑造商品包装的视觉传达力并调动人们的情绪，是研究色彩问题的重点所在。

设计师要具备丰富的色彩学知识，了解色彩的基本元素、象征性、易读性、暗示性、识别性，了解各种色彩带给人的感觉，以及色彩本身所具备的视觉刺激效果等。如果设计师能将色彩的基本知识融会贯通，相信一定能为产品设计出具有视觉刺激效果的包装。包装的色彩表现之一，如图 4-11 所示。

图 4-11

人们通过长期的生活体验，有意无意地形成了根据颜色来判断和感受物品的能力。颜色不仅会让消费者产生审美愉悦，还能激发消费者的判断力和购买自信，丰富他们的想象力，从而让设计师真正感受到包装色彩的价值与力量。

众多的商品包装设计无一不以快捷、醒目、愉悦来吸引消费者的注意力。丰富的色彩传递着各种不同的情趣，展示着不同的品质风格和装饰魅力。追求色彩设计的纯粹是设计师孜孜以求的，他们以更加理性的独特视角，努力摆脱设计流行中喧闹、繁杂、缤纷艳丽的手法，积极寻找色彩设计的理性与单纯。例如，日本设计师藤田隆设计的"日本琴酒"，就充分利用了无彩色系的属性，在透明体容器上进行金色文字的设计排列，在光与影的作用下，体现出该设计的卓尔不凡。色彩的选择与组合在包装设计中是非常重要的，往往是决定包装设计优劣的关键。追求包装色彩的调和、精练、单纯，实质上就是要避免包装上用色过多的累赘。五颜六色的艳丽繁华未必引人喜爱，反倒可能给人一种华而不实的印象，使人产生眼花缭乱之感。恰当使用简约的色彩语言，更能体现设计师驾驭色彩的能力，最大限度地发挥色彩的潜能。在"少就是多"的影响下，摆脱传统色彩属性的束缚，结合包装设计理论与商品的属性要求，采用无彩色系中的金、银、黑、白、灰进行包装设计，则更显商品的永恒之美。无彩色系的特殊性质为许多商品的包装设计提供了充分展现魅力的舞台，如杰尼斯·阿西比为南非伏特加酒设计的包装，就容器造型本身而言，没有什么特别之处，设计师大胆选用了无彩色的衬托，透露出强烈的金属质感，图形中央放置白色的标签，在其他无彩色系的映衬下，强化了该商品的信息特征，使整个商品显得庄重典雅、品质超群。

有色彩系具有各自鲜明的色彩属性（见图 4-12），而无彩色系中的金、银、黑、白、灰也同样具备一定的色彩含义。无彩色系其实在人们心里早已形成了自己完整的色彩性质，并被人们所接受，被称为永远的流行色。单独审视黑、白、灰时，黑色象征静寂、沉默，似乎意味着邪恶与不详，被认为是一种消极色。白色的固有情感是不沉静性，亦非刺激性，一般被认为是清静、纯粹和纯洁的象征。当黑色、白色相混时产生了灰色，灰色属中性，缺少独立的色彩特征，因此，灰色单调而平淡，不像黑色、白色强调明暗，但是灰色会给人一种含蓄、柔和、高级、精致之感。当然，在众多以无彩色系为主的包装设计中，往往其间也点缀着一些纯度较高的色彩，它们的呈现一方面与无彩色系形成了一定的对比效果，另一方面更是为了烘托主体色彩（见图 4-13）。无彩色系与有色彩系的相互作用，对丰富商品包装的色彩效果来说无疑是十分重要的方法（见图 4-14）。

图 4-12

图 4-13

图 4-14

包装设计在于不断地尝试与探索，追求人类生活的美好情怀。色彩是极具价值的，它可以帮助我们表达思想、情趣。把握色彩，感受设计，创造好的包装，丰富我们的生活，是我们时代所需的。无彩色系设计的包装犹如喧闹尘世中的一丝宁静，它的高雅、质朴、沉静，使人可以在享受酸、甜、苦、辣、咸后，回味另一种清爽、淡雅的幽香，它们不显不争的属性特征将会在包装设计中散发永恒的魅力。

## 二、包装设计的视觉节奏

优秀的包装设计在符合其功能性的同时，更多的是让消费者认同所传达的情感。从设计角度来说，节奏主要是在形式领域中发挥作用。节奏本是音乐的概念，是情感物化运动的形态，形成节奏的 4 个要素是对比因素、变化规律、节奏的功能和存在样式。

音乐节奏的核心，就是利用各种对比效果，如乐音长短、断连的对比，调性的对比，速度的对比，强弱的对比，音色、质地的对比等，使之在音乐曲调中有规律地出现，造成音乐曲调的色彩变化和动势变化，从而形成乐曲的节奏感。正是由于节奏具有表现情感的特征，才使艺术中的节奏成了一个涉及所有艺术门类的带有共性的问题，它对于寻找、利用包装造型手段中的视觉节奏规律，是非常有借鉴作用的。

每个包装设计都有自己特定的形式和内容，设计的内容是反映出来的现实，形式则是作品所用物质材料体现出来的感性外形，正是利用这种物质材料的感性外形的变化方式，节奏才能得以体现。包装设计的形式不是空洞无物的外壳，也不是孤立的框架骨骼。内在情感和意义的填充，要求形式来负载。这种情感、意义与形式之间的关系符合格式塔心理学的完形法则，这种结构关系是情感得以传递的基础。任何节奏都要通过一定的物质形态来体现，不同的形式有着不同的物质形态，同时也蕴涵着不同的情感和意义，它既是设计师与审美主体从客观世界进入艺术世界的媒介，也是作品与消费者沟通的桥梁。设计师对于节奏的把握，直接决定了包装的形态样式和情感意义的分量。

### （一）视觉节奏与图形表现

图形表现即商品的形象和其他辅助装饰形象及文字的组合，利用形象的内在、外在的构成因素及特定的节奏给消费者以心理暗示。图形表现涵盖了主体图形与非主体图形的关联、品牌标识、品牌字体的设计形式与字体面积的关联，形、字、色各部分的关联，构成关系的编排、构成特征与风格倾向。图形表现应具有基本对比因素，力求使节奏的性格鲜明地显现出来，这样才能形成具有生命力的整合的包装形象。视觉节奏的确立不能简单化处理，各个对比元素的变化不能各行其道，互不关联，局部与局部之间必须互相依存。

### （二）视觉节奏与色彩运用

色彩的运用在营造视觉节奏中占据重要的位置。色彩节奏具有运动特征，能有规律地反复出现强弱及长短变化，通过色彩的聚散、重叠、反复、转换等，在色彩的运动、回旋中，形成节奏、韵律的美感。

（1）重复性节奏。色彩点、线、面等单位形态的重复出现，可以体现秩序美感。简单的节奏有较短时间周期或重复达到统一的特征，具有理性的美感。

（2）渐变性节奏。将色彩按某种定向规律做循环推移系列变化，就相对淡化了节拍意识，有了较长时间的周期特征，形成了反差明显、静中见动、高潮迭起的闪色效应。渐变性节奏有色相、明度、纯度、冷暖、补色、面积、综合等多种推移形式。

（3）多元性节奏。多元性节奏由多种简单重复性的节奏组成，它们在运动中的急缓、强弱、行止、起伏也受到一定规律的约束，亦可成为较复杂的韵律性节奏。多元性节奏的特点是色彩运动感很强，层次非常丰富，形式起伏多变。

色彩具有的节奏与包装的结构、图形表现紧密联系，通过对色彩的提炼、概括并结合色彩的联想习惯，可以形成鲜明醒目、对比强烈、有较强的吸引力和竞争力的节奏，从而唤起消费者的购买欲望，促进销售。不同商品的不同特点和属性会形成不同的视觉节奏，传达不同的冷暖、轻重、软硬、厚薄、距离、华丽质朴等情感。例如，食品类的包装色彩鲜明丰富，医药类的包装色彩单一，化妆品类的包装色彩柔和、中性，儿童玩具类的包装色彩鲜艳夺目、对比强烈等，它们都是通过色彩节奏的情感作用、联系作用来表达各种含义和意境的（见图4-15）。色彩可以更好地反映商品的属性，适应消费者的心理，适应不同地区人们的喜好与习惯，从而扩大商品的影响力。

图 4-15

## （三）视觉节奏与材料运用

材料元素是指商品包装所用材料表面的纹理和质感，它们往往会影响商品包装节奏的整体表现，如同音乐中的音色、质地，不同的乐器所传达的情感是完全不同的。利用不同材料的表面变化或表面形状的对比可达到视觉节奏的最佳效果。无论是纸类材料、塑料材料、玻璃材料、金属材料、陶瓷材料、竹木材料，还是其他复合材料，它们都有着不同的质地肌理效果。运用不同的材料，并在不同的空间关系上加以组合配置，可传达给消费者不同的情感。材料元素是视觉节奏形成的重要部分，同时它也关系到包装的整体功能、经济成本、生产加工方式，以及包装废弃物的回收处理等多方面的问题。

# 第二节　包装设计的视觉传达技巧

包装在保护商品不受各种外力损坏的同时，对其促销有积极的作用。近年来，市场竞争日益激烈，越来越多的人正努力使包装在促销中发挥积极作用。为此，日本学者伊吹卓曾提出"目、理、好"的原则，即醒目、理解、好感。

## 一、醒目

为了促进销售，包装首先应该吸引消费者的注意，因为只有消费者注意到商品，才有可能产生购买行为。因此，我们应该使用新颖独特的造型、明亮醒目的色彩、美丽精致的图案和特色材料，使包装达到引人注目的效果，让消费者第一眼就能产生强烈的兴趣。醒目原则的实例图片如图4-16和图4-17所示。

图 4-16

图 4-17

## 二、理解

在包装的设计过程中，需要运用形状、色彩、图案、材料引起消费者对商品的注意，使消费者对商品产生兴趣，但更重要的是让消费者准确地了解商品，因为消费者购买的不是商品的外在包装，而是包装中的商品。因此，准确传达商品信息最有效的方式之一就是真正传达商品形象，可以采用全透明包装，可以打开包装容器窗口展示商品，也可以在包装上加上简单的文字说明（见图 4-18）。

图 4-18

## 三、好感

包装的形状、色彩、图案、材料应该能够激发人们喜爱的情感，因为人们的好恶在购买行动中起着非常重要的作用。好的印象主要来自两个方面：一是实用方面，即包装是否能满足消费者各方面的需求并为消费者提供便利，这就涉及包装的大小和产品的数量，如同样是沐浴露，有瓶装和袋装之分，消费者可以根据自己的习惯进行选择（见图4-19）；二是包装的精美程度方面，包装精美的很容易被选为礼物（见图4-20），包装不够精美的大多是消费者自己使用。

图 4-19

图 4-20

# 第三节　不同商品的包装设计应用

## 一、食品包装设计

在食品包装设计中，不同风格的包装设计不仅可以传递食品信息、突出食品的特点，还可以体现同类食品的差异，引起消费者的注意，对当下食品的销售具有重要作用。因此，要想设计出更好的食品包装，促进食品销售，多方面分析包装的艺术风格是必不可少的。

### （一）趣味风格的食品包装设计

趣味风格的食品包装设计强调趣味、亲切和幽默。在包装设计中使用一些色彩鲜艳的卡通人物，可以有效地缩短商品与消费者之间的距离。这类包装设计的趣味性主要体现在包装的整体造型和包装图形元素的设计上。趣味风格的食品包装设计如图 4-21 和图 4-22所示。

图 4-21

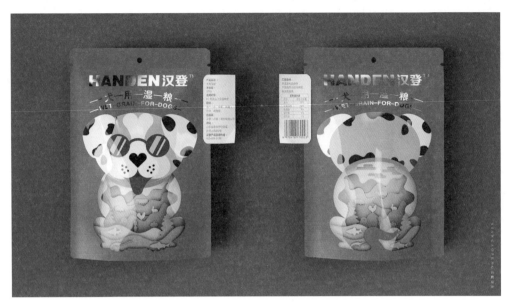

图 4-22

## （二）可爱风格的食品包装设计

可爱风格的食品包装设计强调单纯和可爱，是一种快乐而充满童心的包装设计。图 4-23 所示的饼干包装就采用了可爱的图形和俏丽的字体，整体上给人一种纯真、轻巧的视觉感受。

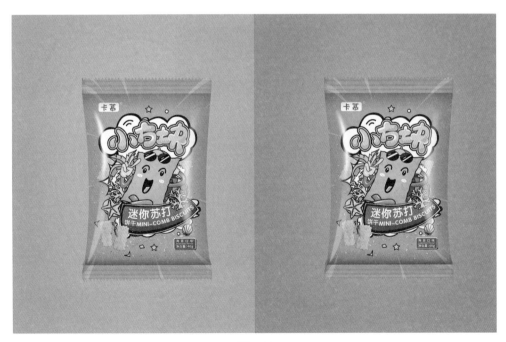

图 4-23

## （三）食品包装设计技巧——造型材质设计

在食品包装设计中，造型材质不仅对食品的形式美有一定的影响，还对商品的质感有一定的影响。造型的材质必须与食品包装的整体风格一致。

---

# 二、日用品包装设计

日用品是指日常生活中大家经常使用的商品，如盘、碟、勺、瓢、洗衣液、牙膏等。由于大多数日用品都是消耗品，需要消费者反复购买，因此商品的功能性和包装的便利性对商品的销售起到决定性的作用。例如，洗手液有一个良好的挤出口管设计，且方便携带，消费者就会首先考虑购买它。

由于日用品的功能不同，因此商品的包装设计和造型也不统一，常见的有方形、圆柱形、椭圆形等。包装设计的造型既要遵循实用性原则，又要充分体现商品的审美设计，以吸引消费者购买。

日用品材料包括软材料、硬材料、复合材料等。

## （一）明快风格的日用品包装设计

明快风格强调明亮和流畅的感觉。商品包装的明快风格主要体现在色彩上，其色调多采用暖色或冷暖色对比，明度高，如图 4-24 所示。

图 4-24

## （二）清新风格的日用品包装设计

清新风格具有清洁、干净和卫生的特点。清新风格的日用品，尤其是清洁和护肤用品，在设计包装时应根据这些商品的功能特性所传达的心理影响，明确清晰的设计方向。

## （三）日用品包装设计技巧——造型设计

日用品的包装设计不仅在功能上要求严格，而且追求形式美，设计应根据商品特点量身定制，使其更有针对性和独特性。

## 三、文化体育用品包装设计

文化体育用品是指体育用品和文化用品。体育用品是体育、健身和户外活动的常用商品，常见的体育用品包括篮球、足球、跳绳、排球、羽毛球拍等。文化用品是日常工作和学习中常用的一些现代文具，如纸、笔、书、橡皮擦、尺子、文件袋等。

随着经济的发展和国家对教育、体育投入的增加，文化体育用品的市场需求也在不断增加。因此，文化体育用品的包装设计也是一个极具潜力的行业。文化体育用品种类繁多，因此包装材料的选择也较为多样化，但是基本上会以节省材料和包装空间为主要目的。

"文化体育用品"的消费者是不同年龄段的人。面对不同年龄段的消费者，包装设计的风格也应因人而异。例如，面对儿童主要使用可爱、艳丽的包装，面对高端办公人群主要使用时尚、大气的精品包装。

（1）多彩风格的文化体育用品包装设计。多彩风格强调色彩的多样性和色彩化。多彩风格的文化体育用品理所当然在色彩的选用上较为繁多。

（2）活力风格的文化体育用品包装设计。活力风格强调活泼和力量感。活力不仅是生命力的体现，也是运动的代名词。活力风格在体育用品包装设计中较为常见，也是此类包装设计的必然选择，如图 4-25 所示。

图 4-25

# ◇ 第四节　包装创意设计实践

设计师运用各种方法和手段，通过视觉手段向消费者传达商品信息和企业理念。当然，包装的完成必须有严格的设计程序，需要通过调查、分析、讨论、创意、设计和制作。

## 一、实践过程中应注意的问题

（1）包装材料的选择和应用，其技术性能必须与商品的性能一致。
（2）包装应与商品的质量、价值相适应。
（3）包装视觉传达设计应具有创造性、新颖性和独特性，并且具有强烈的视觉冲击力。
（4）包装应易于识别和使用。
（5）出口商品的包装应按照国际市场的要求、习惯来选择和使用。
（6）包装视觉传达设计必须与印刷工艺相结合。

## 二、包装的系列化设计

### （一）系列化包装的设计理念

系列化包装是现代包装设计中较为常见和流行的一种形式，早在 20 世纪初就出现了。从系列化包装作品中我们发现，不同形状、不同用途但相互关联的商品，通过统一的形式、统一的色彩、统一的形象，看起来像一个家庭，和谐地形成了一个家族系统。因此，系列化包装也被称为家族式包装。

### （二）系列化包装的设计方法和技巧

系列化包装的设计强调不同规格或不同商品在视觉风格上的统一，符合美学的"多样性与统一性"原则。根据形式美法则，使群体内的各个单体包装形成有机的组合。这种组合不是同一商品相同数量、相同类型包装的重复组合，而是在反映企业各种商品包装的具体视觉特征的前提下，每个单体都经过精心设计，使其具有自身的特点和变化，从而达到统一的包装系列化设计，其设计方法主要有以下几种。

（1）不同规格、不同内容的各类商品的系列化包装。采用醒目、统一的品牌名称和商标，统一的主题文字字体，可以形成系列化包装。该方法是产品包装系列化最基本、最常用的方法，它根据包装设计的实际需要，追求包装造型、装饰构成、色彩等自由变化，通过突出品牌名称和商标，使用清晰统一的字体，给消费者带来强烈的视觉感受，加深消费者对商品系列的印象，争取市场，扩大销售。

（2）同一商品的多个不同容量规格的系列化包装。采用让包装形状、图案、文字、色彩等相同的视觉形式，并与不同的容器规格和品种组合形成系列化。

（3）不同品种的同类商品的系列化包装。包装装潢形式可以采用统一的构图形式和形式技法，同时注意不同品种之间的差异。

（4）同一容器形状和规格的同类商品的系列化包装。采用统一的包装容器和相同的视觉设计方案，改变包装装饰中色彩和图案的应用，并集中展示，可以形成丰富多彩的系列化效果，提高货架的影响力，增强对消费者的吸引力。

（5）多品种、不同形状的系列化包装。对于同一企业不同商品、不同形式、不同规格的包装，除了使用统一的商标字体，还可以采用整体同类型的构图形式或图案装饰风格，也可以形成多品种包装的统一系列特征，同时，包装的形状、规格和色彩也具有灵活的个性特征。

扫一扫

# 参考文献

[1] 钟鼎，郑彦洁. 立体构成 [M]. 上海：上海交通大学出版社，2016.

[2] 邵永红. 色彩创造价值：企业色彩营销战略 [M]. 北京：中国商业出版社，2014.

[3] 邵永红，汪秀霞，黄海宏. 图案基础与应用 [M]. 北京：北京工业大学出版社，2016.

[4] 张丹丹，沈学胜. 创意包装设计与项目实训 [M]. 南昌：江西美术出版社，2010.

[5] 孙芳. 商品包装设计手册 [M]. 北京：清华大学出版社，2016.

[6] 吴江，徐秋莹，柳丽娟. 产品创新设计 [M]. 北京：清华大学出版社，2017.

[7] 梁玲琳. 产品概念设计 [M]. 北京：高等教育出版社，2009.

[8] 傅潇莹. 创意首饰设计 [M]. 合肥：合肥工业大学出版社，2016.

[9] 丁希凡. 首饰设计与赏析 [M]. 北京：中国水利水电出版社，2013.

[10] 胡明哲. 色彩的境界：胡明哲的"色彩配置"课程 [J]. 中国美术，2011(1):90-97.

[11] 王静，侯奔奔. 浅谈传统装饰元素在现代设计中的应用 [J]. 文艺评论，2009(5):90-91.

[12] 周静静. 浅谈西南地区竹文化概述 [EB/OL]. (2019-12-24) [2021-06-06].